装配式剪力墙结构设计与施工

谢　俊　邬新邵　著

U0342989

中国建筑工业出版社

图书在版编目（CIP）数据

装配式剪力墙结构设计与施工/谢俊，邬新邵著. —
北京：中国建筑工业出版社，2017.8
ISBN 978-7-112-20844-9

Ⅰ.①装… Ⅱ.①谢… ②邬… Ⅲ.①剪力墙结构-
结构设计②剪力墙结构-工程施工 Ⅳ.①TU398

中国版本图书馆 CIP 数据核字（2017）第 136693 号

全书共分为六章，主要内容包括：绪论；装配式剪力墙结构设计概述；装配式剪力墙结构优化设计；装配式剪力墙结构深化设计；装配式剪力墙结构施工；装配整体式剪力墙结构成本分析。

本书可供从事建筑结构设计的年轻结构工程师及高等院校相关专业学生参考使用。

责任编辑：郭　栋　辛海丽
责任设计：李志立
责任校对：王宇枢　李欣慰

装配式剪力墙结构设计与施工
谢　俊　邬新邵　著
*
中国建筑工业出版社出版、发行（北京海淀三里河路 9 号）
各地新华书店、建筑书店经销
霸州市顺浩图文科技发展有限公司制版
北京君升印刷有限公司印刷
*
开本：787×1092 毫米　1/16　印张：7¼　字数：179 千字
2017 年 12 月第一版　2017 年 12 月第一次印刷
定价：**29.00** 元
ISBN 978-7-112-20844-9
（30502）

版权所有　翻印必究
如有印装质量问题，可寄本社退换
（邮政编码 100037）

前　　言

2013 年 1 月 1 日，国务院办公厅〔2013〕1 号文件《绿色建筑行动方案》，明确提出将"推广建筑工业化，发展绿色建筑"列为十大重要任务之一；2013 年 11 月，俞正声主席主持全国政协双周协商座谈会，建言"建筑产业化"，提出要制订和完善相关政策法规推进建筑产业化的发展，这是我国建筑工业化发展历程中第一次真正落实到政策层面的推动举措。2014 年 3 月 16 日，中共中央、国务院印发的《国家新型城镇化规划（2014～2020 年）》更是提出要"强力推进建筑工业化"。2016 年 9 月，党中央和国务院在《关于进一步加强城市规划建设管理工作的若干意见》（中办发〔2016〕6 号文），明确要求："力争用 10 年左右时间，使装配式建筑占新建建筑的比例达到 30%"。2017 年 3 月 30 日，住建部关于印发《"十三五"装配式建筑行动方案》《装配式建筑示范城市管理办法》《装配式建筑产业基地管理办法》的通知（建科〔2017〕77 号文）更是进一步明确发展指标，提出了"到 2020 年，培育 50 个以上装配式建筑示范城市，200 个以上装配式建筑产业基地，500 个以上装配式建筑示范工程，建设 30 个以上装配式建筑科技创新基地，充分发挥示范引领和带动作用。"

目前，国家已经批准中民筑友、远大住工、宇辉集团、三一重工等一批国家住宅产业化基地；试图通过培养和发展一批符合建筑工业化要求的产业关联度大、带动能力强的龙头企业，集中力量探索建筑工业化生产方式，建立符合住宅产业化要求的新型建筑工业化发展道路，以点带面，全面推进建筑产业现代化。

装配式建筑是实现建筑产业现代化的必由之路，是克服传统生产方式缺陷、促进建筑业快速发展的重要途径。通过建筑产业现代化，可以彻底摆脱传统建筑高能耗、高污染、低效率、低效益的作业方式。而目前国内传统粗放的施工建造模式仍非常普遍，伴随着国家政策的陆续出台，装配式建筑的发展已然是建筑业的必然趋势。

本书由中南大学建筑与艺术学院谢俊博士和湖南五环体育实业发展集团有限公司总经理邬新邵先生合著，感谢中民筑友科技集团提供技术支持，感谢董事长阎军先生和首席技术官俞大有先生为代表的中民筑友人的全力支持，李政、谢志成、张贤超、胡友斌给予全书诸多建设性意见，在此表示感谢。

由于作者理论水平和实践经验有限，时间紧迫，书中难免存在不足甚至是谬误之处，恳请读者批评指正。

目　　录

1 绪　　论

1.1　装配式建筑是未来的必然趋势

当今世界生产力快速发展的根本原因无一例外是在于科学技术的日新月异。在被世界众多国家视为经济支柱的建筑业，科学技术的迅猛发展和不断创新极大地推动了建筑业的迅猛发展。随着建筑工业化发展的要求，世界发达国家都把建筑部件工厂化预制和装配化施工作为建筑产业现代化的重要标志。发达国家在 20 世纪四五十年代，首先对建筑墙体进行革新研究，由小块材料（烧结制品标准砖）向大块墙材转变，大块墙材向轻质板材和复合板材方向转变，即向装配式建筑墙体方向发展，随后对楼板、梁、柱由现浇向预制方向转变。经过半个多世纪的发展，各国已经基本形成了本国的工业化建筑体系和与之配套的墙体材料的主导产品。日本在装配式建筑结构体系建筑方面研究工作比较深入，近年来建造了许多装配式结构体系建筑工程，它作为日本建筑业三大建筑体系（钢筋混凝土结构体系、钢结构体系和木结构体系）之一共同支撑着日本建筑市场，像英国、德国、美国等发达国家建筑工业化程度也很高，特别是瑞典建筑工业化程度在国内到达 80％以上，是世界上建筑工业化程度最高的国家。装配式建筑工业化是世界性的大潮流和大趋势，同时也是我国改革和发展的迫切要求。在我国建材工业和建筑业已成为国民经济的基础产业和支柱产业。"十二五"期间，我国各方面的改革进入深水区，建筑业也不例外，人们开始逐渐发现传统建筑方式已经不再完全符合时代的发展要求。对于日益发展的建筑市场，现浇结构体系所存在的弊端趋于明显化。面对这些问题，结合国外的建筑工业化成功经验，我国建筑行业必将掀起装配式建筑工业化的浪潮，使其发展进入一个崭新的时代，并将促进建筑领域生产方式的巨大变革。虽然在国内真正研究装配式建筑还处在起步阶段，装配式建筑技术也不太成熟，需要不断学习国外经验，不断改革创新。但是，不少公司在这方面已经走在国内前列，公司内部已经有一套相对成熟的装配式建筑体系。

1.2　装配式建筑的优点

（1）装配式建筑可以实现建筑部件化、建筑工业化和产业化。所生产的产品可以根据建筑需要，在工厂加工制作成整体墙板、梁、柱、叠合楼板等构件，并可在构件内预埋好水、电管线、窗户等，还可根据需要在工厂将墙体装饰材料制作完成。装配式建筑构件在工厂生产，有固定的模具，使产品精度高，产品更加标准化、规范化、集成化，而且技术标准易于统一，即以模数化构建标准化；由于装配式建筑构件标准化设计、工厂化生产，运送到工地就可以装配施工，每个构件可以像设备安装一样进行现场安装，即以标准化推动工业化；工业化不断发展摸索过程中，进而避免缺陷、减少浪费、提高效益，逐渐形成装配式结构体系，即以工业化促进产业化。随着产业化的发展，装配式建筑会逐渐受到人们的青睐。

（2）装配式建筑是绿色、环保、低碳、节能型建筑。我国在经济建设中坚持可持续发展的原则，以人为本，发展绿色建筑，特别是住宅项目把节约资源和保护环境放在突出的位置，大大地推动了绿色建筑的发展。装配式建筑施工技术使施工现场作业量减少、施工现场更加整洁，采用高强度自密实混凝土大大减少了噪声、粉尘等污染，最大程度地减少了对周边环境的污染，让周边居民享有一个更加安宁、整洁的无干扰环境。装配式建筑由干式作业取代了湿式作业，现场施工的作业量和污染排放量明显减少，与传统施工方法相比，建筑垃圾大大减少（据万科统计，可以减少垃圾 83%）。

（3）目前，建筑业对劳动力资源的需求越来越紧缺，传统的建造方法对劳动力的密集依赖无法改变。工厂化施工的集中进行使现场施工作业量大幅减少，施工现场工人就可以大幅减少，这样装配式建造模式比传统建造模式大大节约了人力资源。同时，可以提高施工效率，进而又缩短了工期。另外，在建筑拆除后，大部分材料可以回收利用。因此，装配式建筑构件适应建筑低碳、节能的要求。整个建筑体系主要由水泥、砂、陶粒等轻质材料组成，构件强度高且质量轻，填充不同材料可以满足保温隔热和建筑隔声的要求，建成的大板建筑防水、隔潮、居住舒适。这种建筑体系的耗能和释放 CO_2 也很少，是真正的绿色建筑产品。

（4）装配式建筑便于施工，特点明显。装配式建筑为冬期施工提供了方便。装配式建筑需要的构件一般在工厂车间生产，不受季节限制。构件现场组合安装，减少工作量，减少现场湿作业量，特别有利于冬期施工，解决了北方地区冬期施工难的问题，而且施工周期短，节省人力物力，降低建筑成本，提高工作效率。

（5）装配式建筑抗震性能高、耐火性好、隔声效果好。装配式建筑所使用的材料与传统建筑使用材料同体积相比质量较轻，建筑物自重低。同时，大多数构件已连接成一个整体，增加装配式的柔性连接，提高建筑的抗震性。装配式建筑墙体中间放置保温隔热材料，即使着火后材料也与外面火源隔开极难燃烧，所以耐火极限可以达到国家 A 级标准，属于非燃烧物体，满足建筑物耐火极限要求；装配式建筑构件隔声量大于 50dB（A），满足建筑物隔声要求；能够为室内外提供良好的工作环境和生产环境。

（6）装配式建筑的保温隔热性能非常好，可以达到节能的效果。由于装配式建筑保温隔热材料放置在墙体中间，而材料本身也满足建筑围护结构保温隔热的要求，这样使室内采暖能耗大量降低。正是装配式建筑构件的低导热性，使其可以满足建筑墙体保温隔热的使用要求。因为它可以避免产生热桥，在采用同样厚度的保温材料下，热损失减少约1/5，从而节约了热能。因为墙体内部的热容量大，室内能蓄存更多的热量，可以使室内温度变化减缓，室内温度较为稳定，冬暖夏凉，生活较为舒适。

（7）装配式建筑偏差减小，精确度大大提高。装配式建筑是工厂化的作业模式，构件绝大部分是工厂流水线生产，从铸模、成型到养护，精确的构件只需在工地进行组装就可以完成建造。钢筋经过工厂化机械加工、成型，并且通过人工抽检测量，确保尺寸标准；

依据精确弹线标示，安装组合钢模板。钢筋、水电管线及各种预埋件等预埋物入模，并进行预埋物的人工检查，将按照标准配合比配置好的混凝土浇筑到钢模内，进行混凝土的强度测验，确保质量合格。然后，对混凝土墙体进行养护，强度达到要求后拆除模具。这样，运到现场装配后建筑精确度比传统建筑方式提高一倍以上，精度偏差以毫米计算，真正以造汽车的精确方式建造房子。

1.3 全国各省市地区的装配式建筑政策

目前，全国已有 30 多个省市出台了装配式建筑专门的指导意见和相关配套措施，不少地方更是对装配式建筑的发展提出了明确要求。越来越多的市场主体开始加入到装配式建筑的建设大军中。在各方共同推动下，2015 年全国新开工的装配式建筑面积达到 3500 万～4500 万 m^2，近 3 年新建预制构件厂数量达到 100 个左右。

1. 上海市

装配式保障房推行总承包招标：上海市建筑建材业市场管理总站和上海市住宅建设发展中心联合下发通知，要求上海市装配式保障房项目宜采用设计（勘察）、施工、构件采购工程总承包招标。

单个项目最高补贴 1000 万：对总建筑面积达到 3 万 m^2 以上，且预制装配率达到 45％及以上的装配式住宅项目，每平方米补贴 100 元，单个项目最高补贴 1000 万元；对自愿实施装配式建筑的项目给予不超过 3％的容积率奖励；装配式建筑外墙采用预制夹心保温墙体的，给予不超过 3％的容积率奖励。

以土地源头实行"两个强制比率"：2015 年，在供地面积总量中落实装配式建筑的建筑面积比例不少于 50％；2016 年，外环线以内符合条件的新建民用建筑全部采用装配式建筑，外环线以外超过 50％；2017 年起，外环以外在 50％基础上逐年增加。2015 年单体预制装配率不低于 30％，2016 年起不低于 40％。

2. 安徽省

建筑产业化产值将达千亿：到 2020 年合肥市建筑产业化年产值将达千亿元以上。合肥市委先后引进了中建国际、远大住工、宇辉集团等企业，打造了一批生产基地项目，引进先进设备，实施产业升级。

推动建筑产业化项目试点：2012 年以来，合肥市先后开工建设了 13 个保障房产业化项目，总建筑面积达 133 万 m^2。到今年 3 月，合肥市建筑产业化项目已开工和计划开工面积累计已达 300 万 m^2，并且今年还将新开工 120 万 m^2。

培育 10 家国内领先的建筑产业集团：今后五年，合肥市将建立从住宅设计到施工建造以及相关配套部品的产业体系，使产业化基地形成一个较为完整的住宅工业化技术与产品体系。"十三五"末，力争培育 10 家国内领先的建筑产业集团。

3. 北京市

将推装配式装修：2015 年 10 月，北京市发布了《关于在本市保障性住房中实施全装修成品交房有关意见的通知》，并同步出台了《关于实施保障性住房全装修成品交房若干规定的通知》。

从 2015 年 10 月 31 日起，凡新纳入北京市保障房年度建设计划的项目（含自住型商品住房）全面推行全装修成品交房。两个通知明确要求，经适房、限价房按照公租房装修标准统一实施装配式装修；自住型商品房装修参照公租房，但装修标准不得低于公租房装修标准。

4. 广东省

装配式建筑将达到 30%：2016 年 7 月，广东省城市工作会议指出，要发展新型建造方式，大力推广装配式建筑，到 2025 年，使装配式建筑占新建建筑的比例达到 30%。

推动装配式施工：广东省住房和城乡建设厅 2016 年 4 月印发《广东省住房城乡建设系统 2016 年工程质量治理两年行动工作方案》。大力推广装配式建筑，积极稳妥推广钢结构建筑。同时，启动装配式、钢结构建筑工程建设计价定额的研究编制工作。

单项资助最高 200 万：2016 年 6 月，深圳市住建局发布了《关于加快推进装配式建筑的通知》和《EPC 工程总承包招标工作指导规则》。对经认定符合条件的示范项目、研发中心、重点实验室和公共技术平台给予资助，单项资助额最高不超过 200 万元。

5. 湖南省

装配式钢结构系列标准出台：2016 年 6 月 4 日，湖南省正式发布三项关于装配式钢结构的地方标准，分别是《装配式钢结构集成部品主板》、《装配式钢结构集成部品撑柱》和《装配式斜支撑点钢框架结构技术规程》。

装配式混凝土结构系列标准出台：2016 年 11 月，湖南省正式发布《装配式混凝土结构建筑质量管理技术导则（试行）》、《装配式混凝土建筑结构工程施工质量监督管理工作导则》。到目前为止，湖南省采用新型建筑工业化技术建设超过 850 多万平方米的建筑项目，包含写字楼、酒店、公寓、保障房、商品房、别墅等项目。

6. 山东省

积极推动建筑产业现代化。研究编制并推广应用全省统一的设计标准和建筑标准图集，推动建筑产品订单化、批量化、产业化。积极推进装配式建筑和装饰产品工厂化生产，建立适应工业化生产的标准体系。大力推广住宅精装修，推进土建装修一体化，推广精装房和装修工程菜单式服务，2017 年设区城市新建高层住宅实行全装修，2020 年新建高层、小高层住宅淘汰毛坯房。

到 2020 年，设区城市和县级市装配式建筑占新建建筑的比例分别达到 30%、15%。《山东省绿色建筑与建筑节能发展"十三五"规划（2016～2020 年）》。《规划》明确，要强力推进装配式建筑发展，大力发展装配式混凝土建筑和钢结构建筑，积极倡导发展现代木结构建筑，到规划期末，设区城市和县级市装配式建筑占新建建筑的比例分别达到 30%、15%。

青岛市积极推进建筑产业化发展。对于装配式钢筋混凝土结构、钢结构与轻钢结构、模块化房屋三类装配式建筑结构体系，棚户区改造、工务工程等政府投资项目，要进行先行先试，按装配式建筑设计、建造，并逐步提高建筑产业化应用比例；同时，"争取每个区市先开工一个建筑产业化项目，并将其作为试点示范工程。"

设立建筑节能与绿色建筑发展专项基金：建筑产业现代化试点城市奖励资金基准为500 万元。装配式建筑示范奖励基准为 100 元/m^2，根据技术水平、工业化建筑评价结果等因素，相应核定奖励金额；"百年建筑"示范奖励标准为 100 元/m^2。装配式建筑和

"百年建筑"示范单一项目奖励资金最高不超过 500 万元。其中，示范方案批复后拨付 50%，通过验收后再拨付 50%，资金主要用于弥补装配式建筑增量成本。

1.4　预制混凝土结构连接的分类

国外提出的连接分类——1997 年美国统一建筑规范（UBC97），将框架连接简化为两类：整体连接和强连接。整体连接顾名思义连接为一整体，包括各种连接，其性质类似于现浇式。所谓"强连接"，是指预制构件的连接部位的抗弯能力较强，地震作用下当构件中指定的非线性区域出现弹塑性变形时，连接部位仍能保持弹性。新西兰将框架节点的连接形式分为 4 种：预制连续梁穿过现浇柱、现浇混凝土柱与预制混凝土梁、预制 T 形梁与现浇柱、预制预应力混凝土构件与预制 U 形薄壁梁的连接。

国内提出的连接方式分类——2009 年，深圳市住房和建设局发布的《预制装配整体式钢筋混凝土结构技术规范》提出的预制混凝土的连接方式分类为：叠合梁的连接，柱、剪力墙的连接，叠合板的连接，楼梯板的连接，预制外墙挂板的连接。2014 年，《装配式混凝土结构技术规程》主要推荐在美国认为是机械连接的钢筋套筒灌浆连接技术和我国本土根据国情自主研发的浆锚搭接技术，采取合理、适当的措施可以实现等同于现浇的要求。主要预制构件间及其主体结构件常用的连接形式如表 1-1 所示。

主要预制构件间及其与主体结构间常用的连接形式　　　　表 1-1

连接节点	连接方式	
梁-柱	干式连接：牛腿连接、钢板连接、螺栓连接、焊接连接、企口连接、机械套筒连接等	湿式连接：现浇连接、浆锚连接、预应力技术的整浇连接、后浇整体式连接、灌浆拼装等
叠合楼板-叠合楼板	干式连接：预制楼板与预制楼板之间设调整缝	湿式连接：预制楼板与预制楼板之间设后浇带
叠合楼板-梁（或叠合梁）	板端与梁边搭接，板边预留钢筋，叠合层整体现浇	
预制墙板和主体结构	外挂式：预制外墙上部与梁连接，侧边和底边仅作限位连接	
	侧连式：预制外墙上部与梁连接，墙侧边与柱或剪力墙连接，墙底边与梁仅作限位连接	
预制剪力墙与预制剪力墙	浆锚连接、灌浆套筒连接	
预制阳台-梁（或叠合梁）	阳台预留钢筋与梁整体浇筑	
预制楼梯与主体结构	一端设置固定铰，另一端设置滑动铰	
预制空调板-梁（或叠合梁）	预制空调板预留钢筋与梁整体浇筑	

1.5　装配式混凝土建筑主要技术体系

目前，装配式混凝土技术体系从结构形式主要分为框架结构、框架-剪力墙结构、剪力墙结构、框架-核心筒结构等。

（1）装配式混凝土框架结构

连接节点单一、简单，结构构件的连接可靠并容易得到保证，方便采用等同现浇的设计概念。框架结构布置灵活，容易满足不同预制功能需求；结合外墙板、内墙板及预制楼板或预制叠合楼板应用，预制率可以达到很高水平，适合建筑工业化发展。由于技术和使用习惯等原因，适用于低层、多层建筑。

（2）装配式框架-剪力墙结构体系

兼有框架结构和剪力墙结构的特点，体系中剪力墙和框架布置灵活，易实现大空间、适用高度较高；可以满足不同建筑功能的要求，可广泛应用于居住建筑、商业建筑、公办建筑、工业厂房等。

（3）装配式剪力墙结构体系

装配整体式剪力墙结构应用较多，适用建筑高度较大；目前，叠合板剪力墙主要应用于多层建筑或者低烈度区的中高层（一般不超过 7 度半）；多层剪力墙结构目前应用较少，但基于其施工高效、简便的特点，在低层、多层建筑领域中前景广阔。

不同结构体系的主要预制构件如表 1-2 所示。

装配整体式结构的主要预制构件 表 1-2

结构体系	主要预制构件
装配整体式框架结构	叠合梁、预制柱、叠合楼板、预制外挂墙板、叠合阳台、预制楼梯、预制空调板等
装配整体式剪力墙结构	预制剪力墙板、预制外挂墙板、叠合梁、叠合阳台、预制楼梯、预制空调板等
预制叠合剪力墙结构	预制叠合剪力墙板、预制外挂墙板、叠合梁、叠合楼板、叠合阳台、预制楼梯、预制空调板等
装配整体式框架-现浇剪力墙结构	叠合梁、预制柱、叠合楼板、预制外挂墙板、叠合阳台、预制楼梯、预制空调板等

注：对于预制构件，要区分"预制率"与"装配率"，"预制率"是装配混凝土结构住宅建筑单体 0.000m 以上的主体结构和围护结构中，预制构件部分的混凝土用量占对应部分混凝土总用量的体积比。而"装配率"是装配式混凝土结构住宅建筑中预制构件、建筑部品的数量（或面积）占同类构件或部品数量（或面积）的比率。

1.6 装配式建筑主要瓶颈和问题

一是顶层制度设计欠缺；二是技术体系与标准规范滞后；三是新型结构技术体系不够成熟；四是产业链能力较弱；五是部分地区主管部门和从业者认识不足；六是中西部地区普遍缺乏产业发展基础。对于未来装配式建筑的发展思路，首先是加大经济政策支持力度、加快技术政策统筹规范；同时，政府性投资项目要先行试点，积极引领市场化推进，以城市为主体全面系统推进；最后，要加大力度培育产业化基地企业建设，加强行业培训，鼓励企业转型升级。

从技术体系角度来看，目前还没有形成适合不同地区、不同抗震等级的要求的结构体系安全、围护体系适宜、施工便捷、工艺工法成熟、适宜规模推广的技术体系，设计全装配及高层框架结构的研究和实践不足，与国外差距较大；装配式建筑隔震减震技术及高强材料和预应力技术有待深入研究和应用推广。从结构设计角度看，主要借鉴日本的"等同现浇"的概念，以装配整体式结构为主，节点和接缝较多且连接构造比较复杂。对材料技术和结构技术的基础研究不足，由于装配式建筑仍处于发展初期，其实际使用效果、材料的耐久性、建筑外墙节点的防水性能和保温性能、结构体系抗震性能都没有经过较长时间的检验。

2 装配式剪力墙结构设计概述

2.1 装配式混凝土结构中的设计思维探讨——"加与减"及"分与合"

装配式混凝土结构是"拼装"而成，不符合现浇混凝土结构概念设计的两个重要原则——"连续"与"均匀"，不连续的地方应加强，加上建厂、设备等其他费用，在相当长一段时间内，其造价必然会比传统混凝土结构要高。但是，装配式混凝土结构具有绿色、节能、环保等很多优点，当人工、环保、政策、技术、工艺、材料等边界条件形成时，装配式混凝土结构是建筑发展的必然趋势与结果。

（1）结构体系

土木工程经过多年的发展，取得了很大进步，对于混凝土结构，常见的体系有：框架结构体系、剪力墙结构体系、框架-剪力墙结构（框架-筒体结构）体系、板柱-剪力墙结构、异形柱结构体系、筒中筒结构体系、多筒体系等；也有一些组合的体系，比如底框结构体系、组合结构（混合结构）体系等；还有空心楼盖、预应力结构等。在众多体系中，如果仔细研究其规律，会发现其并不复杂，主要体现在三个方面，分别为：不同截面形状的刚度、力流传递形式选择（拉、压、弯等）、物尽其用，然后借助"加与减"及"分与合"两种思维去串起来，形成不同的结构体系。

对于混凝土结构：正方形或矩形的柱子与梁采用"合"的思维在一起，形成了框架结构体系；需要更大的刚度时，采用"分"的思维，把截面"分"成长扁形，与梁"合"在一起，形成了剪力墙结构体系；有了框架结构体系，与剪力墙结构体系，分别取部分，采用"合"的思维，于是有了框架-剪力墙结构（框架-筒体结构）体系；有了剪力墙结构体系，对于多层与小高层，需要较小的刚度时，采用"减"的思维，减小剪力墙的长度，于是有了异形柱结构体系、短肢剪力墙结构体系；水平力、竖向力在其传递过程中，力会以拉、压、弯等形式传递，并且分配到不同的构件，当取消主次梁，力采用"分"的思维，部分弯矩由板带去抵抗时，有了板柱-剪力墙结构体系；根据材料力学中应力的分布规律，达到"物尽其用"的效果，采用"减"的思维，于是有了空心楼盖、空心墙柱；对于普通楼板及主次梁，其纵向钢筋的总拉应力有一个上限值，采用"加"的思维，提前施加压力，于是有了预应力结构；水平力传递时，除了以受弯的形式传递（力×力臂）外，也可以以拉压的形式传递，于是有了桁架结构体系，有了支撑结构，采用了力"分"的思维。混凝土结构体系、钢结构体系、预应力结构、空心结构、隔震、耗能件等，借助"加与减"及"分与合"两种思维去串起来，通过不同的组合方式，或许又会产生新的结构体系。一个体系中构件的布置，会有最优经济平衡点，比如什么时候采用叠合楼板、预应力叠合板、预应力空心叠合板等。

现在，市场主推的装配式混凝土体系包括：中民筑友科技集团的"整体干法连接墙板体系"、南京大地建设集团有限责任公司的"预制预应力混凝土装配整体式框架结构体系"；远大的"内浇外挂"体系；中民筑友科技集团有限公司、中南集团"全预制装配整体式剪力墙结构（NPC）体系"；北京万科企业有限公司的"装配整体式剪力墙结构体系"；西伟德宝业混凝土预制件（合肥）有限公司的"叠合板装配整体式混凝土结构体系"；台湾润泰集团的"预制装配式框架结构"；黑龙江宇辉建设集团的"预制装配整体式混凝土剪力墙结构体系"等。

（2）结构布置

结构布置采用"减"的思维，减少次梁的个数；采用"加"的思维，采用大跨度的楼板；总的原则"外强内弱"，可以减少墙、柱、梁、板等构件的个数。结构布置时，传力应尽可能均匀，通过改进，采用"加"的思维，采用双向叠合楼板或双向预应力叠合楼板等。

（3）构件设计

采用"合"的思维，将装配式构件和绿色功能融合、集成。采用"合"的思维，将外墙板装饰、保温、承重一体化，提高保温性能及耐久性；采用"合"的思维，将成品门窗与预制墙板一体化连接。

（4）模块化与模数化

采用"分"的思维，装饰与主体结构分离，整体厨房、整体卫浴和整体收纳三大模块化部品均采用标准化设计，统一定型尺寸，便于生产和安装。

（5）采用"减"的思维，户型尽可能一致，形成模块，能最大程度地提高构件重复使用率，减少模具的个数，降低造价与节省工期。

不能仅停留在"轴线尺寸满足规范要求"这个最初级阶段，工程实施过程中有很多因模数协调没有考虑而导致的情况。比如，机电管线的预埋与结构配筋之间由于没有考虑模数，出现了"碰撞"情况。通过模数化配筋并结合模数化配线，确保了"碰撞"问题的解决。采用"减"的思维，楼板尺寸应模数化，尽可能地减少预制楼板的种类。采用"减"的思维，减少墙柱纵筋根数与套筒个数，增大纵筋直径与其间距。

（6）工艺深化设计

装配式混凝土结构进行工艺深化设计时，应该预留一定的空间，截面采用"减"的思维，保证不同构件的正常拼装。在拼装时，内隔墙与上层板底及相连预制内隔墙之间一般会留有 20mm 宽度的缝。

装配式混凝土结构进行工艺深化设计时，应采用"合"的思维去拼装，承受竖向力与水平力的上下层墙柱之间用灌浆套筒连接，主要是靠粘结力传力；承受竖向力与水平力的在同一个平面的剪力墙之间，通过一段较小长度的后浇混凝土连接，主要是靠粘结力传力；内隔墙与其垂直相交的内隔墙或预制外墙之间用"套筒+盒子"连接，主要是靠套筒与盒子之间的摩擦力传力；预制内隔墙与上层板在竖向通过"插筋"连接，主要是靠粘结力传力；阳台外隔墙顶部通过开槽"预留钢筋"与垂直相交的顶部相邻的楼板现浇混凝土连接，主要是靠粘结力传力；阳台外隔墙底部及与其垂直相交的外隔墙之间，通过开槽设置角钢及套筒与底部相邻的楼边相连，主要是靠套筒与角钢之间的摩擦力传力。

采用"分"的思维，借鉴 SI 分离式的设计思想，让结构与机电、内装适度分离，即最重要的工作是使得工作简化，在复杂建筑系统中寻求最科学、最合理的系统性解决方案。建筑、结构、机电与内装适度分离，有利于构件标准化设计需求，减少引起标准化复杂化的因素，让工作尽量简化，不为自己制造障碍。让结构解决结构的问题、机电处理机电的问题、内装完善内装的事情，专业间能够相互协调即可，完全没必要纠缠在一起。

装配式混凝土结构的节点，最终都归结到一个词语——"力分配"。混凝土结构中钢筋能够传力，主要是依靠钢筋和混凝土之间的粘结锚固作用，预制构件与预制构件之间如果没有现浇混凝土与钢筋之间的粘结力，一般靠螺栓与构件之间的摩擦力传力。

粘结力与摩擦力的大小与很多因素有关，粘结力与钢筋的形状（直锚、直锚＋弯锚、直锚＋端板等）、锚固钢筋的外形、混凝土强度等级均有关；摩擦力与螺栓等级、摩擦系数等均有关。粘结力与摩擦力的设计思维是"分"，通过采用不同形状的钢筋、端板与不同的构造，"分"到不同的部位，从而形成不同的节点。

节点的形成，与"空间"有很大关系。可以预留足够空间，通过现浇混凝土与钢筋形成支座与粘结力；也可以借物，通过牛腿或者挑出的"垛"形成空间，通过第三物"连接板"形成支座关系。

（7）发展方向

采用"合"的思维，建筑工业化在一个大平台系统下，会出现"三个一体化"：建筑、结构、机电、装修一体化；设计、加工、装配一体化；技术、管理、市场一体化。

2.2　结构设计与易经

中庸之道，阴阳之道，是一个平衡与不平衡、再平衡的过程。易经的转化，符合量变质变转换规律。不平衡才发展，阴阳生万物，但再平衡，协调平衡更是道。

1. 结构设计与易经中的两仪、四象、八卦规律

（1）从盘古开天地时，所有都是混沌，是无极。随着时代的发展，历史的向前，产生了太极，即平衡的悬臂梁构件。平衡生两仪，阴阳，在结构设计中即：加与减，分与合；两仪生四象（在设计思维组合下），即梁构件、板构件、墙构件、柱构件。随着材料的不同，每个构件都有三个基本要素：长宽高，不同的组合，产生了各种体系：框架结构体系、少量剪力墙的框架结构体系、框架-剪力墙结构体系、少量框架的剪力墙结构体系、带转换层的复杂高层结构、框支剪力墙结构、大底盘多塔结构、钢框架结构、桁架结构、网架结构、门式刚架结构等。

（2）无极是混沌，随着时代的发展，历史的向前，产生了太极，即平衡。平衡生两仪，阴阳，在结构设计中即：加与减，分与合；两仪生四象（在设计思维组合下），即两端固结梁模型、简支梁模型、一端固结一端简支梁模型、悬臂梁模型；随着四象的不断组合，形成了各种梁模型。

（3）无极是混沌，随着时代的发展，历史的向前，产生了太极，即平衡。平衡生两仪，阴阳，在结构设计中即：加与减，分与合；两仪生四象（在设计思维组合下），即拉压、弯矩、剪力、扭矩；随着四象的不断组合，形成了小偏心受拉、小偏心受压、大偏心

受压、大偏心受拉、剪扭、弯剪扭、压弯剪扭等受力模式。

（4）无极是混沌，随着时代的发展，历史的向前，产生了太极，即平衡。平衡生两仪，阴阳，在结构设计中即：加与减，分与合；两仪生四象（在设计思维组合下），即材料形成了：钢、混凝土、砖、木；材料不断的组合与改造升级，形成了钢筋混凝土结构、型钢混凝土结构、钢管混凝土结构、预应力混凝土结构、配筋砌块等结构形式。

（5）无极是混沌，随着时代的发展，历史的向前，产生了太极，即平衡的悬臂梁构件。平衡生两仪，阴阳（或刚柔），在结构设计中即：加与减，分与合；两仪生四象（在设计思维组合下），即柔性结构（太阴）、弱刚性结构（少阳）、刚性结构（少阴）和强刚性结构（太阳）；随着四象的不断组合，形成了其他不同类型的刚柔性组合的构件。

（6）无极是混沌，随着时代的发展，历史的向前，产生了太极，即平衡。平衡生两仪，阴阳，在结构设计中即：加与减，分与合；两仪生四象（在设计思维组合下），即抗弯刚度 EI、抗剪刚度 GA、抗扭刚度 GI、轴力刚度 EA，然后不断地组合，产生了各种刚度之间的变化与协调。

2. 结构设计中的辩证哲学

易经中的两仪是阴阳，是万物之母。阴阳是一个简朴而博大的哲学。阴阳哲理自身具有三个特点：对立、互化和统一。在思维上它是算筹（算数）和占卜（逻辑）不可分割的玄节点。自然界中生物的基因，人工智能中的二进制都充分彰显了阴阳的生命力。阴阳是中国古代文明中对蕴藏在自然规律背后的、推动自然规律发展变化的基础因素的描述，是各种事物孕育、发展、成熟、衰退直至消亡的原动力，是奠定中华文明逻辑思维基础的核心要素。概括而言，按照易学思维理解，其所描述的是宇宙间的最基本要素及其作用，是伏羲易的基础概念之一。

阴阳有四对关系：阴阳互体，阴阳化育，阴阳对立，阴阳同根。传统观念认为，阴阳，代表一切事物的最基本对立关系。它是自然界的客观规律，是万物运动变化的本源，是人类认识事物的基本法则。阴阳的概念源自古代中国人民的自然观，古人观察到自然界中各种对立又相联的大自然现象，如天地、日月、昼夜、寒暑、男女、上下等，便以哲学的思想方式归纳出"阴阳"这概念。

阴阳哲理自身具有三个特点：对立、互化和统一。阴阳是中国古代文明中对蕴藏在自然规律背后的、推动自然规律发展变化的基础因素的描述，是各种事物孕育、发展、成熟、衰退直至消亡的原动力，是奠定中华文明逻辑思维基础的核心要素。概括而言，按照易学思维理解，其所描述的是宇宙间的最基本要素及其作用，是伏羲易的基础概念之一。

（1）结构设计中的对立关系

简支梁，弯矩与剪力此消彼长，是对立关系，刚度与挠度是对立关系。

（2）结构设计中的相生关系

梁高增加，挠度与钢筋应力都变小，是相生。

梁高增加，地震作用也增加，弯矩增大，但抗弯承载力也增加，是相生，但不同步增加。

梁宽增加，地震作用也增加，剪力增大，抗剪承载力也增加，是相生，但不同增加。

刚度的增加，梁柱墙的长、宽、高可以互化，都可以增加抗弯刚度；增加梁宽与梁高，抗弯承载力与抗剪承载力均增加，是相生。

（3）结构设计中的互化关系

梁的刚度考虑板中有效翼缘而增加，而楼板因为梁的存在减小了跨度，支座可能是固定或非固定支座，但减小了挠度，刚度也增加，互化。x 方向墙体考虑了 y 方向有效翼缘的墙体增加，y 方向墙体的刚度考虑 x 方向有效翼缘墙体的增加，x、y 方向两个方向的墙体刚度互化。

（4）弹性～弹塑性的发展过程也符合哲学上的辩证规律。

（5）钢筋混凝土结构的出现，素混凝土等材料，都符合哲学上的一些概念，或者没有完美。水满则溢，月满则盈，钢材的缺陷。不同材料的优缺点，也符合哲学。

（6）适筋梁、少筋梁、超筋梁，不平衡就会发生不平衡的力学现象，有危险，中庸最安全。

2.3　装配式剪力墙结构设计与传统设计的不同

装配式结构最大的特点就是等同于现浇。由于装配式结构是由预制柱、预制剪力墙、叠合梁、叠合板、预制楼梯、预制阳台等构成，构件在进行计算时，调整系数与传统结构有细微的差别，应满足规范的对应要求。

装配式结构在进行结构布置时，为了减少装配的数量及减小装配中的施工难度，往往不设置次梁。如果设置了次梁，一般应根据节点设为两端铰接。在进行梁柱等构件布置时，应提前知道工厂生产设备生产构件截面尺寸的边界条件，否则设计的构件无法生产。

（1）板的传力模式应根据产业化公司板的类型确定，如果采用双向叠合板，则可以不改变受力模式，如果采用单向叠合板则应把板的受力模式改为对边传导，单向传力。对于装配式剪力墙结构的普通楼面，当跨度不大于 4m 时，其现浇部分可取 60mm；楼板若采用单向预应力叠合板，60mm（预制）＋60mm（现浇）则设计时，板同样应改为：对边传导，但支座可以为固定边界。在板面筋进行设计时，应进行包络设计（对边导荷与四边导荷两种情况），分别按板厚 120mm 与板厚 60mm 计算不同方向板的面筋（暂按 120mm 为导荷方向，60mm 为非导荷方向）。屋面板考虑防水保温等现浇层可做 100mm，也可小于 100mm，支座为固定边界。

在实际设计中，为了让防火时间提高到 1.5h，可以让预制底板做到 70mm，保护层厚度取 30mm，可参考表 2-1～表 2-3。

70mm 底板叠合板选用表（连续梁）　　表 2-1

板跨段(m)	底板厚度(mm)	叠合板厚度(mm)	预制板宽度(mm)	荷载类型	附加恒载(kN/m²)	可变荷载(kN/m²)	板型编号	
							边跨	中跨
0＜l_0≤3.0 (A)	70	60	2400	1	2	2	YSD76-A-S12	YSD76-A-S12
	70	60	2400	2	2	2.5	YSD76-A-S12	YSD76-A-S12
	70	60	2400	3	2	4	YSD76-A-S12	YSD76-A-S12
	70	60	2400	4	4	2	YSD76-A-S12	YSD76-A-S12

板跨段(m)	底板厚度(mm)	叠合板厚度(mm)	预制板宽度(mm)	荷载类型	附加恒载(kN/m²)	可变荷载(kN/m²)	板型编号 边跨	板型编号 中跨
$3.0<l_0\leqslant4.0$ (B)	70	60	2400	1	2	2	YSD76-A-S12	YSD76-A-S12
	70	60	2400	2	2	2.5	YSD76-A-S12	YSD76-A-S12
	70	60	2400	3	2	4	YSD76-A-S12	YSD76-A-S12
	70	60	2400	4	4	2	YSD76-A-S12	YSD76-A-S12
$4.0<l_0\leqslant5.0$ (C)	70	70	2400	1	2	2	YSD77-C-S14	YSD77-C-S14
	70	70	2400	2	2	2.5	YSD77-C-N12 / YSD77-C-S14	YSD77-C-S14
	70	70	2400	3	2	4	YSD77-C-N12	YSD77-C-S14
	70	70	2400	4	4	2	YSD77-C-N12	YSD77-C-S14

注：单向预应力板 YSD76-A-S12 中 YSD 表示预应力混凝土叠合板，7 表示预制底板厚度 70mm，6 表示叠合现浇 60mm，A 表示板跨度分类，S 表示直径为 7 的螺旋肋钢丝，N 表示直径为 9 的螺纹肋钢丝，12 表示预应力筋根数为 12。

70mm 底板叠合板选用表（连续梁）　表 2-2

板跨段(m)	底板厚度(mm)	叠合板厚度(mm)	预制板宽度(mm)	荷载类型	附加恒载(kN/m²)	可变荷载(kN/m²)	板型编号 边跨	板型编号 中跨
$5.0<l_0\leqslant6.0$ (D)	70	80	2400	1	2	2	YSD78-D-N12	YSD78-D-S14 / YSD78-D-N12
	70	90	2400	2	2	2.5	YSD79-D-N12	YSD79-D-S14 / YSD79-D-N12
	70	90	2400	3	2	4	YSD79-D-N14	YSD79-D-N12
	70	90	2400	4	4	2	YSD79-D-N14	YSD79-D-N12
$6.0<l_0\leqslant7.2$ (E)	70	110	2400	1	2	2	YSD710-E-N16	YSD710-E-N12
	70	110	2400	2	2	2.5	YSD710-E-N16	YSD710-E-N12
	70	110	2400	3	2	4	YSD710-E-N18	YSD710-E-N12
	70	110	2400	4	4	2	YSD710-E-N18	YSD710-E-N12

70mm 底板叠合板选用表（简支梁）　表 2-3

板跨段(m)	底板厚度(mm)	叠合层深度(mm)	预制板宽度(mm)	荷载类型	附加恒载(kN/m²)	可变荷载(kN/m²)	板型编号	支座负钢筋
$0<l_0\leqslant3.0$ (A)	70	60	2400	1	2	2	YSD76-A-S12	$\phi10@200$
	70	60	2400	2	2	2.5	YSD76-A-S12	$\phi10@200$
	70	60	2400	3	2	4	YSD76-A-S12	$\phi10@200$
	70	60	2400	4	4	2	YSD76-A-S12	$\phi10@200$
$3.0<l_0\leqslant4.0$ (B)	70	60	2400	1	2	2	YSD76-A-S12	$\phi10@200$
	70	60	2400	2	2	2.5	YSD76-A-S12	$\phi10@200$
	70	60	2400	3	2	4	YSD76-B-N12	$\phi10@200$
	70	60	2400	4	4	2	YSD76-B-N12	$\phi10@200$

板跨段(m)	底板厚度(mm)	叠合层深度(mm)	预制板宽度(mm)	荷载类型	附加恒载(kN/m²)	可变荷载(kN/m²)	板型编号	支座负钢筋
4.0<l_0≤5.0 (C)	70	70	2400	1	2	2	YSD77-C-N12	φ10@200
	70	70	2400	2	2	2.5	YSD77-C-N12	φ10@200
	70	80	2400	3	2	4	YSD78-C-N14	φ10@200
	70	80	2400	4	4	2	YSD78-C-N14	φ10@200
5.0<l_0≤6.0 (D)	70	100	2400	1	2	2	YSD710-D-N14	φ10@200
	70	100	2400	2	2	2.5	YSD710-D-N16	φ10@200
	70	110	2400	3	2	4	YSD711-D-N18	φ10@200
	70	110	2400	4	4	2	YSD711-D-N18	φ10@200

（2）电井旁边管线较多时，现浇部分厚度一般为60～80mm，以80mm居多。住宅中混凝土楼盖约为总造价的25％，住宅工程结构体系的合理性，将对其技术经济效益产生较大的影响，合理地选择住宅楼结构技术方案不仅对于前期的施工有很大的便利，而且对于后期收获的经济效益也会更加明显。本章节将对实际应用案例中，不同跨度小预应力叠合板与混凝土叠合板体系进行经济对比和分析，如表2-4～表2-8所示，结果表明：当跨度为3～5m时，单向混凝土叠合板比单向预应力叠合板要经济，但当跨度为5～7m时，单向预应力叠合板要比单向混凝土叠合板经济。

两种楼板方案的综合经济性能比较（3m跨） 表2-4

项目	单位	综合单价(元)	叠合拼板		单向预应力叠合拼板	
			平方米含量	造价(元)	平方米含量	造价(元)
HRB400级钢筋	kg	4	7.43	29.72	5.23	20.92
C30混凝土	m³	360	0.12	43.2	0.06	21.6
C40混凝土	m³	400	0	0	0.06	24
预应力	kg	4.5	0	0	1.51	6.8
单方造价	元			72.92		73.32

两种楼板方案的综合经济性能比较（4m跨） 表2-5

项目	单位	综合单价(元)	叠合拼板		单向预应力叠合拼板	
			平方米含量	造价(元)	平方米含量	造价(元)
HRB400级钢筋	kg	4	7.43	29.72	5.23	20.92
C30混凝土	m³	360	0.13	46.8	0.07	25.2
C40混凝土	m³	400	0	0	0.06	24
预应力	kg	4.5	0	0	1.51	6.8
单方造价	元			76.52		76.92

两种楼板方案的综合经济性能比较（5m跨） 表2-6

项目	单位	综合单价（元）	叠合拼板		单向预应力叠合拼板	
			平方米含量	造价（元）	平方米含量	造价（元）
HRB400级钢筋	kg	4	7.93	31.72	5.73	22.92
C30混凝土	m³	360	0.16	57.6	0.07	25.2
C40混凝土	m³	400	0	0	0.06	24
预应力	kg	4.5	0	0	1.76	7.93
单方造价	元			89.32		80.01

两种楼板方案的综合经济性能比较（6m跨） 表2-7

项目	单位	综合单价（元）	叠合拼板		单向预应力叠合拼板	
			平方米含量	造价（元）	平方米含量	造价（元）
HRB400级钢筋	kg	4	7.93	31.72	5.73	22.92
C30混凝土	m³	360	0.16	57.6	0.08	28.8
C40混凝土	m³	400	0	0	0.06	24
预应力	kg	4.5	0	0	1.76	7.93
单方造价	元			89.32		83.65

两种楼板方案的综合经济性能比较（7m跨） 表2-8

项目	单位	综合单价（元）	叠合拼板		单向预应力叠合拼板	
			平方米含量	造价（元）	平方米含量	造价（元）
HRB400级钢筋	kg	4	10.16	40.54	7.3	29.2
C30混凝土	m³	360	0.2	72	0.1	36
C40混凝土	m³	400	0	0	0.06	24
预应力	kg	4.5	0	0	2.5	11.25
单方造价	元			112.64		100.45

（3）《预制预应力混凝土装配整体式框架结构技术规程》（JGJ 224—2010）3.3.3 条文说明：叠合板的后浇部分的厚度不应小于预制部分的厚度，以保证叠合板形成后的刚度。对于装配式框架结构，如果采用单向预应力空心板，比如厚度 200mm，现浇板 60mm，60mm 厚现浇板不能保证叠合板形成后的刚度，所以板端必然会开裂。板跨度较大，如果按固结计算，板端弯矩及配筋会很大，所以有必要通过调幅把弯矩调整到板底部让预应力筋去承受。加上单向预应力空心板在吊装后浇筑节点的那段时间，强度没有完全形成，板上作用有施工荷载，所以板端按铰接处理偏于安全。板端构造配筋，在按刚度分配时，也能承受一部分弯矩，裂缝不会很大。对于跨度较大的预应力装配整体式框架结构，由于传力已经改为对边传导，在设计板时，应该把支座都改为简支边界，一般构造配筋双向 8@200～8@150（面筋）。

（4）装配式结构用 PKPM 等软件进行计算时，周期折减系数梁刚度增大，扭矩折减系数等与传统设计有细微的差别，在设计中应认真对待，对于装配式剪力墙结构，其周期折减系数一般应比现浇剪力墙结构取得更大，可取 0.8～0.85，中梁刚度增大系数可取

15

1.8，边梁刚度增大系数可取 1.2，扭矩折减系数可取 0.6～0.8；对于装配式框架结构，用单向预应力空心叠合板，预制空心板厚度较大，梁刚度增大系数取 1.0 偏于安全，周期折减系数取 0.6～0.8，扭矩折减系数取 0.8～1.0 偏于安全。

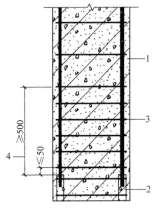

图 2-1 预制柱箍筋加密要求
1—预制柱；2—柱钢筋连接；
3—加密区箍筋；4—箍筋加密区

（5）装配式结构在绘制施工图时，应尽量减少柱或者剪力墙边缘构件中的套筒个数，节省造价。预制柱间纵向钢筋宜采用套筒灌浆连接，当连接节点位于楼层处时，由于框架梁纵向钢筋需穿过或弯折锚固于梁柱节点区，导致节点区钢筋较多，影响梁、柱精确就位，因此，预制柱应尽量采用较大直径钢筋及较大柱截面，以减少钢筋根数，在保证安全的前提下增大钢筋间距，便于柱钢筋连接及节点区梁钢筋布置。当柱纵向采用套筒灌浆连接时，套筒连接区域柱截面刚度及承载力较大，柱的塑性铰可能会上移到套筒区域以上，因此至少应在套筒连接区域以上 50mm 高度区域内将柱箍筋加密，如图 2-1 所示。

预制剪力墙竖向钢筋一般采用套筒灌浆或浆锚搭接连接。当采用套筒灌浆连接时，自套筒底部至套筒顶部并向上延伸 300m 范围内，预制剪力墙的水平分布筋应加密（图 2-2），加密区水平分布筋的最大间距及最小直径应符合表 2-9 的规定，套筒上端第一道水平分布钢筋距离套筒顶部不应大于 50mm。

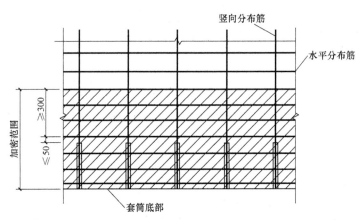

图 2-2 剪力墙箍筋加密要求

加密区水平分布钢筋 表 2-9

抗震等级	最大间距(mm)	最小直径(mm)
一、二级	100	8
三、四级	150	8

预制剪力墙边缘构件时保证剪力墙抗震性能的重要构件，且钢筋较粗，每根钢筋应逐根连接。剪力墙的分布钢筋直径较小且数量多，全部连接将导致施工烦琐且造价较高，连接接头数量太多对剪力墙的抗震性能也有不利影响。因此，可以在预制剪力墙中设置部分较粗的钢筋并在接缝处仅连接这部分钢筋，被连接钢筋的数量应满足剪力墙的配筋率和受

力要求，如图 2-3、图 2-4 所示。

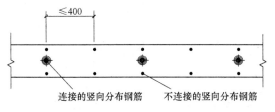
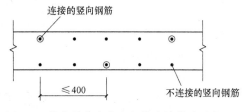

图 2-3 剪力墙竖向分布钢筋连接构造示意（1）   图 2-4 剪力墙竖向分布钢筋连接构造示意（2）

同层相邻预制剪力墙之间通过设置竖向现浇段连接，预制剪力墙与现浇非约束边缘构件采用设置暗柱连接，如图 2-5 所示。

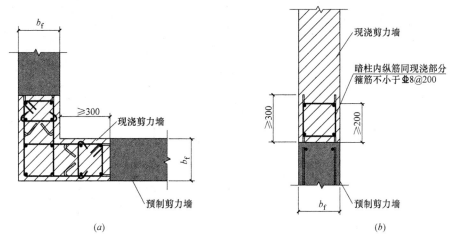

图 2-5 预制剪力墙水平连接示意
（a）预制剪力墙与现浇边缘构件连接；（b）预制剪力墙与现浇非边缘构件连接

（6）预应力叠合梁端部 U 型筋除了满足梁端部计算配筋值外，还应满足《预制预应力混凝土装配整体式框架结构技术规程》JGJ 224 5.1.3 的要求：伸入节点的 U 型钢筋面积，一级抗震等级不应小于梁上部钢筋面积的 0.55 倍，二、三级抗震等级不应小于梁上部钢筋面积的 0.4 倍。在实际设计中，如果框架抗震等级为四级，由于规范没有明确要求，该值可以按 0.3 取。

（7）装配式剪力墙结构中边缘构件大样绘制时，与传统现浇剪力墙结构边缘构件大样有一些区别，其预制部位的插筋要伸入到现浇部分一定长度，纵筋的根数一般不变，如图 2-6、图 2-7 所示。

（8）剪力墙结构中梁无论现浇还是预制，面筋一般一排 2 根钢筋，最多做 2 排，方便施工。尽量将柱子截面尺寸设置为一样，从而模具不变，根数相同，直径不相同。剪力墙与连梁也是一样，根数一样，直径不一样，侧模不变。

（9）剪力墙与带梁隔墙的连接，主要是满足梁的锚固长度，在平面内一般不会出现问题，因为往往暗柱留有 400mm 现浇（200 厚墙）或者与暗柱一起预制；一字形剪力墙平面外一侧伸出的墙垛一般可取 100mm。无论在剪力墙平面内还是平面外，门垛或者窗垛≥200mm 或者为 0mm。当梁钢筋锚固采用锚板的形式时，梁纵筋应≤14mm（200 厚剪力墙）。

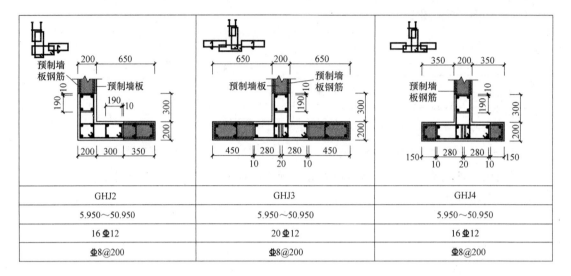

GHJ2	GHJ3	GHJ4
5.950～50.950	5.950～50.950	5.950～50.950
16Φ12	20Φ12	16Φ12
Φ8@200	Φ8@200	Φ8@200

图 2-6　边缘构件大样图（1）

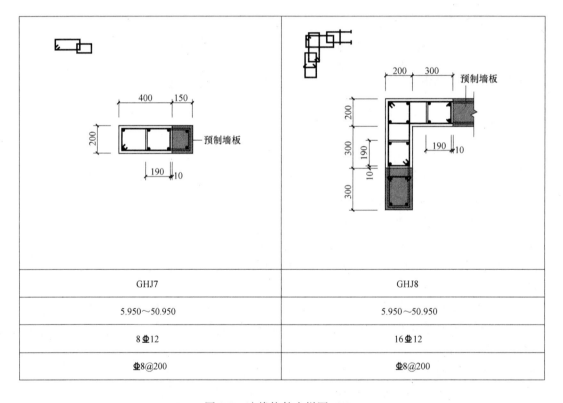

GHJ7	GHJ8
5.950～50.950	5.950～50.950
8Φ12	16Φ12
Φ8@200	Φ8@200

图 2-7　边缘构件大样图（2）

（10）装配式剪力墙结构中剪力墙进行布置时，除了按传统剪力墙结构中的思维去布置剪力墙外，还应注意在对剪力墙结构进行布置时，多布置 L、T 形剪力墙，少在 L、T 形剪力墙中再加翼缘，特别是外墙，否则拆墙时被拆分的很零散。剪力墙结构中翼缘长度，对于 L 形外墙翼缘长度可≥600mm，T 形翼缘分长度可≥1000mm，翼缘端部顶着窗户，如图 2-8 所示。

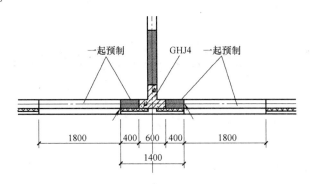

图 2-8　剪力墙布置

注：1. 1800mm 为窗宽，1400mm 为翼缘长度，其中 600mm 为现浇，400mm 为预制；

2. 梁带外隔墙（含窗户）与 400mm 剪力墙一起预制，再把钢筋锚入 600mm 现浇混凝土中。

（11）装配整体式框架-现浇剪力墙结构应避免将现浇剪力墙布置在周边，如果剪力墙布置在结构的周边，现场施工时，仍然需要搭建外脚手架。

（12）高层装配整体式结构应符合下列规定：剪力墙结构底部加强部位的剪力墙宜采用现浇混凝土；框架结构首层柱宜采用现浇混凝土，顶层宜采用现浇楼盖结构。

带转换层的装配整体式结构应符合下列规定：采用部分框支剪力墙结构时，底部框支层不宜超过 2 层，且框支层及相邻上一层应采用现浇结构；部分框支剪力墙以外的结构中，转换梁、转换柱宜现浇。

结构转换层、平面复杂或开洞较大的楼层、作为上部结构嵌固部位的地下室楼层宜采用现浇楼盖。

（13）与电梯井相邻的梁，一般可以不做，用厚板传递水平力（可以做虚梁）。

（14）阳台位置的悬臂梁和封口梁工厂预制、现场施工难度均非常高，建议取消该位置的梁，改做悬挑板。

（15）一般以下部位的构件需要现浇：悬挑长度大于 1.5m 的阳台板，特别是带有洗衣房功能的阳台；悬挑到建筑外围护边线以外的女儿墙，且为砌筑结构；公区的楼板；休息平台及楼梯梁；电梯井周边的墙板。

（16）楼梯设计与传统设计大同小异，由于楼梯梯段板两端支座为铰接，梯度板厚度 $\geqslant L/25$（L 为跨度）。

（17）当考虑楼梯对剪力墙的侧向支撑，楼梯四周伸出钢筋，如果楼梯采用工厂预制的方式，现场施工难度较大，鉴于此情况，建议楼梯采用现浇处理。

（18）内隔墙尽量不采用普通混凝土，建议考虑采用陶粒混凝土，尽量减轻重量。

（19）带有飘窗的墙板，这样的构件在模具设计及生产的过程中难度大，如果生产计划做不好，极有可能打乱整个施工进度；一般建议：可做假飘窗，假飘窗可当做正常墙板预制，如果数量较少，且没有转角飘窗还可以考虑。

3 装配式剪力墙结构优化设计

优化设计的本质，在于力（弯矩、剪力、扭矩等）的变化，有变化，在力小的地方才有优化的可能；优化设计，也源于减少富余，最后达到物尽其用。优化设计，在于控制结构设计中的平衡，在于吃透结构力学、材料力学中的一些公式及一些弯矩、剪力、轴力、扭矩等的分布图。设计成本仅占开发总成本的1%左右，但对开发总成本的影响巨大，建筑结构优化设计对成本控制起到四两拨千斤的作用，在满足同样功能的前提下，高水平的优化设计可降低工程造价5%～10%，甚至可达10%～30%。控制建设成本，提高材料使用效率就是在建筑领域走节能、环保集约型的可持续发展之路，契合时代要求。由于装配式剪力墙结构等同于现浇剪力墙结构，0.000m以下设计方法两者相同，所以，现浇剪力墙结构的优化设计和装配式剪力墙结构优化设计方法有很多异曲同工之妙。

结构优化设计是在确保建筑功能和结构安全的前提下实现节能减耗的有效方法，体现在设计的专业化、标准化、精细化；通过多方案比较、多专业协作、多层次沟通、精细化设计和标准化管理，实现建筑功能、结构安全、土建成本的完美统一，达到建筑的综合效益最大化。

对民用建筑，在结构设计的几个阶段，结构优化设计的实用方法和要点可以概括成以下几个方面：

1. 在方案阶段，通过与建筑专业的充分沟通，对建筑的平面布置及户型、立面造型、柱网布置、分缝等提出合理的建议和可行性要求，使结构的高度、复杂程度、不规则程度均控制在合理范围内，为节能减耗争取主动权；

2. 在初步设计阶段，通过对结构体系、结构布置、建筑材料、设计参数、基础形式等内容的多方案技术经济性比较和论证，选出最优方案，整体控制土建造价；

3. 在施工图阶段，通过标准化的配筋原则、精确的计算把控、细致的模型调整、精细化的施工图内审及优化，进一步降低土建造价。

3.1 装配式剪力墙结构优化设计中的"平衡"原理

（1）竖向构件布置得均匀，比如剪力墙的布置原则是：外围、均匀、双向、适度、集中、数量尽可能少，能控制扭转变形。周期比、位移比的本质就是控制相对扭转变形和扭转变形，竖向构件布置得均匀，也减少了协调周期比、位移比的代价，并且常常用减法（减少内部竖向构件的刚度）比加法效果更好。当结构扭转变形比较大时，剪重比有时候也会减小，不容易调试通过。扭转变形大，弯矩大，构件配筋也大。

（2）剪力墙布置得规则、均匀，不但可使梁的布置比较规则，也可使梁板跨度比较均匀，可降低各层楼盖的用钢量。对于剪力墙结构下的筏板基础，均匀的剪力墙布置可有效地降低筏板厚度，减小竖向位移差，减少计算用钢量。

（3）柱网尺寸均匀一致不仅使结构（包括梁柱）受力合理，而且不会导致水平构件布置的不规则、传力路径的复杂化或者跨度的增大等。

3.2 装配式剪力墙结构优化设计中的"加法"原理

3.2.1 加大外围构件的刚度

有时候结构扭转变形大，周期比、位移比、剪重比不满足规范要求，加大外围构件刚度较弱一侧的刚度（柱、墙与梁高），可以有效地减小扭转变形。

3.2.2 桩基础设计中的一些加法

（1）对于弯矩较大的柱子，例如三桩承台时由于偏压造成超过桩承载力时，程序会自动增大为四桩，可以加大三桩的间距，三桩承台就能满足要求，这样可以用稍微大一点的承台换来节省一根桩的代价。

（2）灌注桩一般选择中风化岩为持力层，选择强风化岩为持力层时宜扩底，事前要向甲方征询扩底的可行性，各地施工工艺和习惯差异较大。当桩长较长或者端阻力较小时，应按规范要求考虑桩侧摩阻力。

3.2.3 独立基础优化设计的加法

基底零应力区应选 0.15，而非 0；相邻较近的两柱，有条件时改为独基长宽，避免用双柱联合基础。

3.2.4 加大地下室外墙裂缝宽度

欧标对于钢筋混凝土构件及无粘结预应力混凝土构件，即便在潮汐等极端恶劣环境下，变温限值也为 0.3mm。相比之下，我国规范对室内潮湿环境及室外环境下的限值为 0.2mm，确实有些严格。很多设计院对于二 a、二 b 类环境，有的放松到 0.25mm，有的放松到 0.3mm。北京地标规定：当地下室外墙外侧设有建筑防水层时，外墙最大裂缝宽度限值可取 0.4mm。

3.2.5 剪力墙结构中的一些加法

（1）广东省内项目，一般当墙肢在标准层为一般剪力墙时，底部加厚之后仍为一般剪力墙。广东省外项目，剪力墙在底部加厚，避免形成短肢墙。加厚的原则如下：计算需要（包括刚度不足、稳定性不够、超筋或配筋太大等原因）才加厚上部剪力墙，若本身是一般剪力墙，在下部因计算需要加厚，应保证加厚之后仍为一般剪力墙。若上部墙长为1700mm，直接加厚为 310mm，若上部墙长在 1700～2100mm 之间，可将下部墙加长至

2100mm，厚度只需加厚至 250mm 即可。上部剪力墙若本身就是短肢墙，可以仅按计算要求加厚，不必一定要加到 310mm 成为一般剪力墙。

（2）墙肢配筋较大，且建筑上有条件时，应适当加大墙肢长度，有时增加 100～200mm，配筋都会显著减小。

（3）水平作用较大，按剪力墙结构设计层间位移角难以满足要求时，可以考虑多加一些框架柱，从而按框架-剪力墙结构控制层间位移角。

（4）小高层（≤18 层）剪力墙结构可以通过提高底部混凝土强度等级或适当加厚，控制轴压比不超过 0.3，从而仅设置构造边缘构件。

3.3 装配式剪力墙结构优化设计中的"减法"原理

3.3.1 减层高

（1）以普通住宅 2.8m 层高为例，在扣除 120mm 厚现浇混凝土楼板和 50mm 厚楼板地面面层后，室内净高约为 2.63m，满足住宅规范对卧室、起居室（厅）的室内净高不应低于 2.4m 的要求；当层高为 2.9m 时可建 34 层，结构总高约 99m，如果将层高降低到 2.8m，可增加一层，总高约为 98m。

对于层高控制关键部位，如公共走道、设备管线密集处，建议采用宽扁梁、型钢梁、预应力梁或变截面梁。

进行综合成本分析后，可考虑采用实心或者空心无梁楼盖。无梁楼盖应用于荷载与跨度均比较大的规则柱网结构有一定的经济优势，特别是当覆土较厚（≥1.5m）或有消防车荷载时更有优势。

对设备管线进行优化设计，一般可节省空间 200mm 左右，方法如下：结构主梁与主管线平行布置；采用变截面，在机电管线通过处，减少梁高截面；管线穿结构梁，在梁中预埋管线或预留洞口，使管线通过，预留洞口尺寸控制在梁高的 1/3 内；采用无梁楼盖，设备管线与柱帽在同一高度空间。

（2）在国外，地下室车库很早就不再做建筑面层，现在国内很多开发商都要求地下室车库不做建筑面层，直接在结构混凝土表面压实赶光磨平。对于有些开发商的毛坯房，地面不需做水泥砂浆找平层或面层，在浇筑混凝土楼板时随着浇筑抹光，既节省造价又减少客户装修铺砖时产生空鼓现象。

（3）降低层高，可以降低结构总层高，有时候当总高度卡在规范限值附近时，降低层高可以降低抗震等级。

3.3.2 减小外围构件的刚度与内部结构的刚度

有时候结构扭转变形大，周期比、位移比、剪重比不满足规范要求，减小外围构件的刚度强一侧的刚度（柱、墙与梁高），可以有效地减小扭转变形。减小结构内部的刚度，往往减小电梯井与楼梯间的墙体（但有的开发商要求电梯井必须全部布置墙），可以减小结构的相对扭转变形，可以有效地控制结构的周期比与位移比。

3.3.3 减少单桩承台厚度、平面尺寸及配筋

可以按 $0.6l_{abE}+15d$ 的形式进行柱钢筋锚固。桩边与承台边净距可按 150mm 控制。单桩承台的配筋在理论上没有多大的作用，受力也只是局部受压，因为柱与承台一般中心重合，只要承台混凝土与柱混凝土强度等级相差不大，局部受压基本上都能满足，一般配 12@200 即可，至于沿侧面布置的水平分布箍筋，除了防止承台侧面出现竖向裂缝外，也没有实际作用，考虑到多桩承台及独立基础的侧面均不配水平向钢筋，单桩承台更没有必要配置，故可取消侧面水平封闭箍筋。

3.3.4 减少柱墩下部钢筋的间距

对于柱墩下部钢筋的优化，因为钢筋长度短，数量少，直径粗，钢筋间距不必像普通楼面板那样以 50mm 为模数，改为以 10mm 为模数是完全可行的。钢筋最小间距可减小至 70mm，以尽量实现小直径、密间距的配筋。

3.3.5 独立基础优化设计的减法

归并系数用 0.1；构造上，基础边缘高度用 200mm，而不用 300mm；对于 B 大于 2.5m 的独立基础，纵筋用 90％长度并交错布置。

当独立基础的土承载力比较好时，且不属于《抗规》第 6.1.11 条和《基础规范》时，独立基础之间不必设置拉梁。

3.3.6 桩基础设计时的一些减法

（1）当桩直径大于等于柱直径时，可以不设置桩帽。

（2）承台梁挑柱子（荷载不大），而不是柱下设置桩基础。

（3）同一种桩型条件下，有多种布桩方案时，应尽量减少桩的数量，可减少施工费用和检测费用。采用灌注桩时，柱下宜采用单桩，剪力墙下宜采用两桩。

（4）剪力墙下布桩，由于剪力墙结构具备极大整体抗弯刚度，故可将上部结构视为承台，此时布置的条形承台（梁）可以认为是"底部加强带"，同时方便钢筋锚固及满足局部受压。承台（梁）宽度可为（150～200）mm＋桩径，高度为 600mm，在构造配筋的基础上适当放大即可。

3.3.7 筏板基础优化设计中的一些减法

（1）对于筏板基础，墙冲切范围内若计算结果很大，一般可不理会，可构造配筋或适当加强。基础梁纵筋尽量用大直径的，比如 HRB400 级的直径为 30mm、32mm、36mm 的钢筋。基础梁剪力很大，优先采用 HRB400 级的。基础梁不宜进行调幅，因为减少调幅，可减少梁的上部纵向钢筋，有利于混凝土的浇筑。筏板基础梁的刚度一般远远大于柱的刚度，塑性铰一般出现在柱端，而不会出现在梁内，所以基础梁无需按延性进行构造配筋。如果底板钢筋双向双排，且在悬挑部分不变，阳角可以不必加放射钢筋。对于有地下室的悬挑板，不必把悬挑板以内的上部钢筋通长配置在悬挑板的外端，单向板的上层分布钢筋可按构造要求设置，比如 10@150～200，因为实际不参与受力，只要满足抗裂要求

即可。

（2）一般情况下筏板基础不需要进行裂缝验算。原因是筏板基础类似于独立基础，都属于与地基土紧密接触的板，筏板和独立基础板都受到地基土摩擦力的有效约束，是属于压弯构件而非纯弯构件。因此筏板基础和独立基础一样，不必进行裂缝验算，且最小配筋率可以按 0.15％取值。因为基础梁一般深埋在地下，地上温度变化对之影响很小，同时基础梁一般截面大，机械执行最低配筋率 0.1％的构造，会造成梁侧的腰筋直径很大。一般可构造设置，直径 12～16mm，间距可取 200～300mm。

（3）筏板基础配筋应根据有限元计算结果，采用构造钢筋拉通、局部附加短筋的形式，可以忽略计算结果明显偏大的应力峰值。

（4）筏板封边构造，当筏板厚度≥700mm 时，另外设置小直径封边构造钢筋，当筏板厚度＜700mm 时，采用面筋和底筋交错的封边方式。

3.3.8 地下室设计中的减法

（1）一层地下室的高层，将嵌固端移到基础底板，地下室顶板的最小配筋率可由 0.25％变成 0.2％。

（2）对于多层地下室，地下室外墙可以采用变截面的形式，配筋方式也应由全部拉通改为分离式配筋，即部分拉通、部分附加的配筋方式。

（3）景观覆土一般不超过 1.2m，确实要种大树，可采用局部堆土方式。

（4）地下室外墙不设置外墙暗梁，也不设置基础梁。对于地下室顶板厚度，在满足计算的前提下，有些地方可以取到 160mm 或 200mm，而不是 250mm。

（5）地下室次梁，当采用 300mm 宽能算下来时，不采用 350mm 宽，否则应采用四肢箍。地下室顶板梁计算时，根据工程经验，梁不按裂缝控制配筋。主梁端部竖向加腋，减小支座钢筋。人防顶板在战时工况下可按塑性设计，与平时工况取包络。变形缝在地下室的处理：顶板的梁板拉通，墙柱在地下室仍然分开。

（6）当地下室土方开挖施工设有刚性防护桩时，土压力可取静止土压力，并乘以折减系数 0.67；抗裂验算可取常水位，裂缝宽度验算公式中，混凝土保护层厚度＞30mm 时，可按 30mm 计算。

3.3.9 减少沉降缝设置

每设置一条沉降缝，不仅要增加缝自身的装饰费用，缝两侧也要增加柱、墙及基础的费用，因此沉降缝数量宜越少越好。优化原则：在符合设计规范的情况下，减少沉降缝设置。

3.3.10 减少没有必要的次梁

（1）可以在剪力墙结构中减少一个不必要的次梁，卫生间与其他房间隔墙下的小次梁是没有必要存在的，卫生间降板边界可用折板代替，其墙下的小梁去掉后可采用在墙下的板中附加钢筋的做法。

（2）对于屋面梁，可以对次梁布置进行优化，因为次梁其上没有填充墙线荷载，是为了分隔板，可以去掉一些跨度不大的次梁。

3.3.11 减小梁的截面尺寸

若非刚度及连接一字形墙的需要，不宜设置高连梁，因梁越高混凝土用量越大，构造配筋越多。连接较厚（350～400mm）剪力墙的连梁宽度若非刚度需要不一定与墙相同，这样可以减少不必要的梁构造配筋量及混凝土用量，省下的空间还可满足其他建筑功能的需要。

3.3.12 剪力墙结构中墙肢的减法

（1）装配式剪力墙结构的最大特点就尽量让构件模块化，所以在满足刚度合适、经济的前提下，剪力墙的形状尽可能一致是最好的。

（2）梯机房由于受力较小，为了减小鞭梢效应，可以不把剪力墙伸上去，而采用异形柱或者长扁柱。

（3）多布置 L 形、T 形剪力墙，尽量不用短肢剪力墙、一字形剪力墙、Z 形剪力墙。短肢剪力墙、一字形剪力墙受力不好且配筋大，而 Z 形剪力墙边缘构件多，不经济。对于 L 形剪力墙，其平面外有次梁搭接，可以增加一个 100mm 的小垛子，构造配筋即可，建模不建进去。

（4）200mm 厚剪力墙最短长度一般可控制在 1650mm。

（5）剪力墙结构在高出最大位移角楼层两层以上的区域，剪力墙可以变一次截面，主要是减小墙肢长度。

3.3.13 减少梁配筋的常见优化措施

（1）钢筋混凝土构件中的梁柱箍筋的作用一是承担剪（扭）力，二是形成钢筋骨架，在某些情况下，加密区的梁柱箍筋直径可能比较大，肢数可能比较多，但非加密区有可能不需要这么大直径的箍筋，肢数也不要多，于是要合理地设计，减少浪费，比如当梁的截面大于等于 350mm 时，需要配置四肢箍，具体做法可以将中间两根负弯矩钢筋从伸入梁长 $L/3$ 处截断，并以 2 根 12 的钢筋代替作为架立筋。钢筋之间的直径应合理搭配，梁端部钢筋与其用 2 根 22，还不如用 3 根 18，因通长钢筋直径小。

（2）除非内力控制计算梁的截面要求比较高，否则不要轻易取大于 570mm 梁高，这样避免配一些腰筋。跨度大的悬臂梁，当面筋较多时，出角筋需伸至梁端外，其余尤其是第二排钢筋均可在跨中某个部位切断。

（3）梁的裂缝稍微超一点没关系，不要见裂缝超出规范就增大钢筋面积，PKPM 中梁的配筋是按弯矩包络图中的最大值计算的，在计算裂缝时，应选用正常使用情况下的竖向荷载计算，不能用极限工况的弯矩计算裂缝。SATWE 计算配筋和裂缝时都是按单筋矩形梁计算的，而工程中实际的梁基本上都是有翼缘的，受压区也是有配筋的。在实际设计中，对于住宅结构，一般裂缝小于 0.35mm 均可不管。

（4）对于次梁（非抗震梁），纵筋可以采用搭接的方式（跨度＞4m），可以减小含钢量。对于梁腰筋，最小直径可取 10mm，没必要都取 12mm。

（5）次梁跨度≥4m 且次梁端部配筋直径级别较大时，可以采用搭接的形式。对于主梁，当跨度 4m 且主梁端部纵筋直径较大时，除了面筋可以采用 2 根 12 的钢筋代替作为架立筋外，角筋也可以截断，用 2@10 或 2@12 搭接。主梁底筋在端部范围可以截断。

（6）HRB400 级钢筋和 HPB300 级钢筋价格非常接近，梁柱箍筋计算和配筋采用 HRB400 级钢筋。

（7）梁箍筋采用 HRB400 级钢筋计算，框架梁抗震等级为四级或者次梁高度不大于 800mm 时，可以采用直径为 6mm 的箍筋。

（8）次梁架立筋：梁跨≤6m 时，ϕ10；梁跨＞6m 时，ϕ12。

（9）底筋超过 2 排时仅底面第一排全长贯通，第二排和第三排可以在靠近支座位置截断，仅用于地下室顶板和商业框架的梁，高层塔楼不用。

（10）梁截面宽度选择时，应尽量避免四肢箍筋的梁宽（b＜350mm），必要时可选用 3 肢箍筋。框架梁梁宽≥350mm 时，其跨中采用两根通长筋＋两根架立钢筋的配筋形式。

（11）梁截面高度受到限制时，可采取变截面高度梁、竖向加腋、水平加腋、加牛腿等措施。梁支座面筋较大时，采用梁端竖向加腋后，一般可减小梁面筋量约 40%～50%。

（12）框支梁计算中，如果剪扭比超限，此时查内力中的纯剪力，即框支梁截面满足纯剪力不超限就通过，剪扭比超限另采取构造措施（计算中不理会剪扭比超限）：梁底加抗扭腋板、加另向次梁等。

3.3.14 减少墙配筋的常见优化措施

（1）若边缘构件为构造配筋，在满足构造配筋的前提下，非主要受力部位（两端）的墙身最小直径可取 10mm。

（2）对于构造边缘构件，T 形或 L 形翼缘处箍筋可按构造设置。

（3）对带翼缘的边缘构件为计算配筋且配筋量较大时，建议用"剪力墙组合配筋"重新计算该边缘构件。

（4）约束边缘暗柱体积配箍率计入墙身水平分布筋的作用，箍筋也采用两种直径搭配，外箍采用较大直径。

3.3.15 减少柱配筋的常见优化措施

（1）局部的问题做局部的特殊处理，不要因为局部的不足而造成整体上的加大。例如：局部墙柱轴压比不足时，加大局部墙柱截面而不是提高整体混凝土强度。

（2）柱纵筋直径选择原则：在四角放置最大限度的直径（钢筋直径相差不得大于 2 级）。

（3）当框架柱和框支柱的箍筋满足以下条件时，其轴压比可增加 0.10：

1）沿柱全高采用井字复合箍；

2）箍筋间距不大于 100mm；

3）箍筋肢距不大于 200mm；

4）箍筋直径不小于 12mm。

（4）柱箍筋形式要最大限度减小重叠部分（允许用拉筋处，尽量不用箍筋），因重叠部分不计入体积配箍率。

（5）对于多层建筑，当上下柱子错开较少，但无法对齐时，不要合并柱子形成大柱子，柱子之间可以填充同强度等级的素混凝土。

3.4 装配式剪力墙结构优化设计中的方案选型

3.4.1 基础底板选型

（1）对于多层剪力墙结构住宅。当无地下室时，优先采用剪力墙条形基础；有地下室时，优先采用条形基础＋防水板体系。当墙下条形基础的地基承载力不满足要求时，可采用天然地基下的筏板基础，或者采用条形基础下局部地基处理的方式，有地下室时再加上防水板。当为软土时，可采用桩基础，并采用在墙下条形承台梁下布桩的方式，有地下室时再加防水板。

（2）对于小高层剪力墙结构住宅，当地质条件较好时仍然有可能采用天然地基上的条形基础，有地下室时再加上防水板。当条形基础下的天然地基承载力不满足要求时，可采用天然地基下的满堂式筏板基础，或者采用条形基础下局部地基处理的方式，有地下室时再加上防水板。当基底压力较大或持力层天然地基承载力较低，采用筏板基础也不满足天然地基承载力要求时，可在筏板范围内进行地基处理，在人工地基上做筏板基础；当为软土地基时，应优先采用桩基础，并尽量采用墙下布桩加防水板的方式。

（3）对于高层剪力墙住宅，持力层土质较好或基底压力较小，天然地基承载力能满足要求时，可采用天然地基上的筏板基础；天然地基不满足要求时，可采用地基处理，再在人工地基上做筏板基础；软土地区则采用桩筏基础。

对于地下室，当地下水位较高，净水压力对底板计算不容忽视时，采用防水板时的厚度及配筋均有净水浮力工况的计算控制，故不宜再采用独立基础＋防水板体系，而应采用整体式筏板基础。

无梁底板，经验厚度为（以下数据用于大柱网，采用小柱网时减少 50mm）：

水头≤3m 时，300mm；

3m＜水头≤4m 时，350mm；

4m＜水头≤5m 时，400mm；

5m＜水头≤6m 时，450mm；

6m＜水头≤7m 时，500mm；

以此类推，每增加 1m 水头板厚增加 50mm。

3.4.2 "端承型桩"与"摩擦型桩"的选型研究分析

桩分为两种，一种是摩擦型桩，即主要承载力由桩侧面与土体的摩擦力提供，提高这类桩的承载力，主要方法是增大桩的表面积以提高摩擦力，这种桩的设计，不能依靠加大单桩截面尺寸的方法，虽然加大单桩截面尺寸能迅速提高单桩的表面积，起到提高单桩承载力的作用，但单桩价格会大致以平方的速度递增，得不偿失。以灌注桩为例，$\phi600mm$ 桩表面积为 $1.88m^2$，截面积为 $0.28m^2$，而 $\phi800mm$ 桩表面积为 $2.51m^2$，截面积为 $0.5m^2$，$\phi800mm$ 的截面积也就是造价大约是 $\phi600mm$ 桩的两倍，但其表面积也就是摩擦力只提高了 30% 多，不划算。另一类桩情况不同，它是"端承型桩"，这种桩可以采用加大直径、增加截面积的方式来提高经济性，因为可以减少桩个数，降低承台费用。

3.4.3 剪力墙结构中桩基础布置方案选择

剪力墙下布置桩基础时，尽量采用墙下布置桩且布置在端部，减小其传力途径，承台梁一般可以构造配筋。承台布置方法一般有三种（图 3-1）。

（1）方法一：两桩中心连线与长肢方向平行，且两桩合力中心与剪力墙准永久组合荷载中心重合，布一个长方形大承台；

（2）方法二：在墙肢两端各布一个单桩承台，再在两承台间布置一根大梁支承设在承台内的墙段；

（3）方法三：两桩中心连线与短墙肢和长墙肢的中心连线平行，布一个长方形大承台。

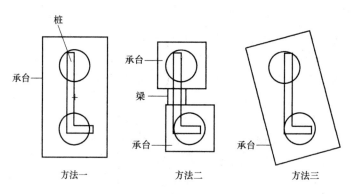

图 3-1　承台布置方法

3.4.4 地下室顶板次梁方案比较

次梁位于 KL 跨中，吸收了大量竖向荷载后又把它传到了不利的点，十字梁一般比井字梁贵。对于一般的车库楼板（非底板及顶板），从造价上来讲单向次梁方案是最优的；对于地下室顶板，从造价上来讲无梁楼板方案是最优方案，其次是双向次梁方案、井字梁方案。当柱网为 8m 左右且覆土≤0.7m 时，可以采用十字梁方案。

3.4.5 地下室抗浮方案选择

根据当地习惯和造价因素综合确定抗浮方案。一般来讲，若已设置抗压桩时则顺带利用抗拔桩抗浮比较经济，否则采用锚杆抗浮可能比较经济，若结构自重和水浮力相差不多时，可以采用增加配重抗浮。注意：华南地区锚杆造价较高，华东地区则相对便宜得多。

地下室底板外挑，考虑外挑部分的覆土压重，可以节省部分抗浮措施费用。当采用管桩抗浮且抗拔桩数量较多时，可以考虑在柱下设置抗拔兼抗压桩，在底板跨中设置纯抗拔桩，直接抵消部分水浮力，减小底板配筋，抗拔桩仅以桩长控制即可，无需按抗压桩严格控制贯入度，方便施工。地下室抗浮计算时，一般直接用 SATWE 的恒载计算值（扣除面层荷载），不用手算恒载计算值。

3.4.6 坡道方案选型

（1）坡道底板应尽量设置次梁，减小坡道底板的厚度。

（2）为施工方便，坡道起坡的三角形位置采用 C15 素混凝土回填，回填的最大高度不超过 1m。

（3）坡道位于地下室范围外的部分，坡道底板应随建筑起坡，不得做双层板或将坡道侧墙落低与地下室相平，该部分也不必打桩。

（4）斜车道在地下室内一侧，除楼层中段可以斜梁支承外，车道的起始端应以楼层水平梁的吊板（上端）及立墙（下端）支承。吊板及立墙厚度均可取 200mm，既受力明确又方便施工（图 3-2）。当斜车道两侧采用混凝土墙支承，而不影响车道下楼层的使用时，则宜采用侧墙支承。

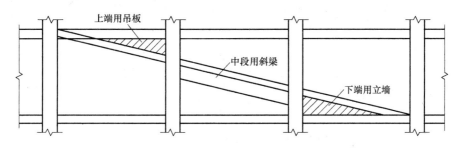

图 3-2 斜车道板的支撑

3.4.7 剪力墙结构刚度富余太大时的方案选择

住宅剪力墙应分布均匀，长度与受荷面积相适应，剪力墙较密的部位可以改用少量框架柱或短肢剪力墙，剪力墙布置在整体上应显得分散、稀疏，方便基础设计。剪力墙结构含有少量框架柱时，应控制框架柱承担的倾覆力矩在 10% 以内，避免按框架-剪力墙结构设计而造成剪力墙抗震等级的提高。

3.4.8 不带地下室别墅首层板方案选择

不带地下室别墅首层板一般可以取消，总荷载减少，基础荷载减小，首层梁配筋减少，200mm 厚砌体墙下设计梁，100mm 厚砌体基础置于建筑刚性地坪上面。

3.5 装配式剪力墙结构优化设计与规范规定

对于 9 层及以下的民用建筑，绝大多数地方都有一个埋深 3.0m 的界限值，在这个界限值上下，人防配建面积会有一个较大的突变。对于一个带地下室的小高层或者高层，一般都要按照地面首层建筑面积修建人防地下室，但对于多层洋房，要么不设置地下室，要么将地下室埋深控制在 3.0m 以下，可以修改层高，这样可以大量减少人防面积。人防地下室车库造价一般为 2300～2500 元/m²，非人防一般在 1600～1800 元/m²，这样可以省不少成本。

3.6　装配式剪力墙结构优化设计与软件操作

（1）地震信息的选择：双向地震作用计算，本质是对抗侧力构件承载力的一种放大，属于承载能力计算范畴，不涉及对结构扭转控制和对结构抗侧刚度大小的判别。一般当位移比超过 1.3 时（有的地区规定为 1.2，过于保守）选取"考虑双向地震"，程序会对地震作用放大，结构的配筋一般会加大，但位移比及周期比，不看"双向地震作用"的计算结果，而看"偶然偏心"作用下的计算结果。

（2）采用 PKPM 软件时，不得让程序自动计算楼板自重，因为程序自动计算时重度采用的是总信息中填入的重度数值（26/27），而不是 25。

（3）不要勾选"剪力墙构造边缘构件的设计执行《高规》7.2.16-4 条的较高配筋要求"，以免造成不必要浪费。《高规》规定，对于连体结构、错层结构以及 B 级高度高层建筑结构中的剪力墙（筒体），其构造边缘构件的最小配筋应提高。

（4）"混凝土矩形梁转 T 形"：当配筋由较为偶然且数值较大的荷载组合（如人防、消防车）控制时，为优化设计，可勾选。

（5）"框架梁端配筋考虑受压钢筋"：非抗震结构不勾选；抗震结构当配筋由较为偶然且数值较大的荷载组合（如人防、消防车）控制时，为优化设计，可勾选。

3.7　装配式剪力墙结构优化设计与施工

桩承台面筋的配置根据桩承台面标高的不同采用不同的面筋配置方式。当承台面与地下室底板面平齐时，除联合多桩大承台及二桩承台的面筋需要特别配置外，一般的承台面筋都需要利用底板的面筋贯通布置。

当承台面位于结构首层且首层没有结构板时，所有承台都需要配置面筋，其中联合多桩大承台及二桩承台的面筋需要按计算配置，其余承台面筋一般按构造配置。上述所有承台都需要按构造配置竖向和水平侧向钢筋，侧面钢筋的规格一般为 12@200 或 14@200。

无论是矩形平面承台还是三角形平面承台，当底筋伸入承台长度满足 35d 时，均可为直线配筋，当桩径较小，底筋伸入承台长度不满足 35d 时，才需要将钢筋端部向上弯折 10d；当承台面筋为特别配置或利用底板面筋贯通配置时，侧面竖向筋应分离配置，然后在其内侧配置水平分布筋，如图 3-3 所示。其优点是架设钢筋方便，此外，可控制侧面钢筋的配筋规格，达到节省钢筋的目的。

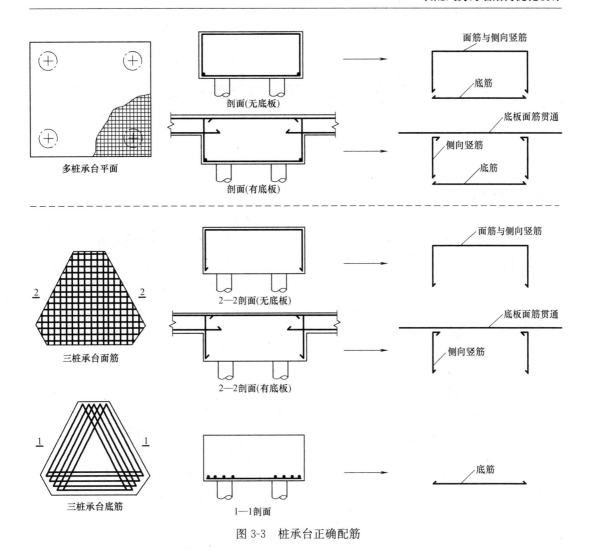

图 3-3 桩承台正确配筋

4 装配式剪力墙结构深化设计

4.1 工程概况

本工程位于湖南省长沙市，为公共租赁住房，采用装配整体式剪力墙结构技术体系，总建筑面积约7780m²，主体地上16层，地下0层，建筑高度49.05m。该项目抗震设防类别为丙类，建筑抗震设防烈度为6度，设计基本加速度值为0.05g，设计地震分组为第一组，场地类别为Ⅱ类，设计特征周期为0.35s，剪力墙抗震等级为四级。桩端持力层为强风化板岩，桩端阻力特征值为2000kPa，采用人工挖孔桩。

4.2 结构体系

本工程依据《装配式混凝土结构技术规程》JGJ 1—2014及《预应力混凝土叠合板（50mm、60mm实心底板）》06SG439-1进行设计。体系中采用预制混凝土柱、预制剪力墙、预制外隔墙、预制内隔墙、单向预应力叠合楼板、预制梁及预制楼梯、阳台、空调板等连接形成的装配整体式剪力墙结构。结构平面布置（标准层）如图4-1所示。

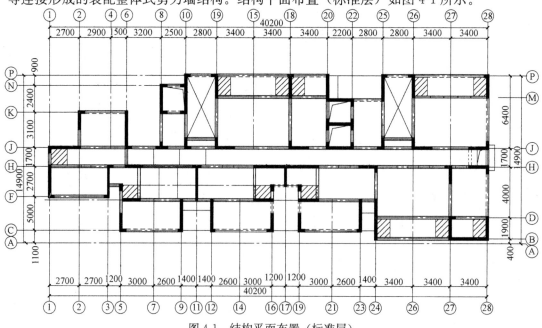

图 4-1 结构平面布置（标准层）

4.3 梁节点做法与工艺深化设计原则

4.3.1 梁节点做法

(1) 边梁支座

边梁支座如图 4-2 所示。

(2) 中间梁支座

中间梁支座如图 4-3～图 4-5 所示。

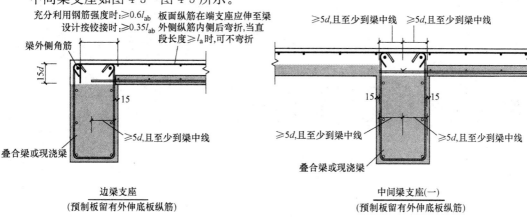

边梁支座
(预制板留有外伸底板纵筋)

图 4-2 边梁支座

中间梁支座(一)
(预制板留有外伸底板纵筋)

图 4-3 中间梁支座（一）

中间梁支座(二)
(板顶有高差,预制板留有外伸底板纵筋)

图 4-4 中间梁支座（二）

中间梁支座(三)
(板底有高差,预制板留有外伸底板纵筋)

图 4-5 中间梁支座（三）

4.3.2 梁工艺深化设计原则

此工程中没有独立存在的梁，在进行工艺深化设计时，梁与内隔墙、外隔墙一起进行预制。

4.3.3 受拉钢筋基本锚固长度（表 4-1）

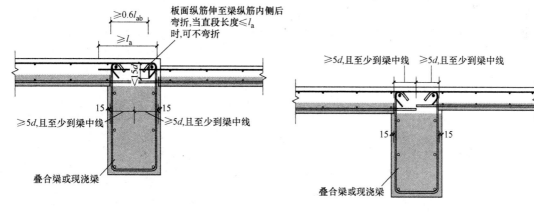

受拉钢筋基本锚固长度

表4-1

受拉钢筋基本锚固长度 l_{ab}、l_{abE}

钢筋种类	抗震等级	混凝土强度等级								
		C20	C25	C30	C35	C40	C45	C50	C55	≥C60
HPB300	一、二级 (l_{abE})	45d	39d	35d	32d	29d	28d	26d	25d	24d
	三级 (l_{abE})	41d	36d	32d	29d	26d	25d	24d	23d	22d
	四级 (l_{abE}) 非抗震 (l_{ab})	39d	34d	30d	28d	25d	24d	23d	22d	21d
HPB335 HPBF335	一、二级 (l_{abE})	44d	38d	33d	31d	29d	26d		24d	24d
	三级 (l_{abE})	40d	35d	31d	28d	26d	24d	23d	22d	22d
	四级 (l_{abE}) 非抗震 (l_{ab})	38d	33d	29d	27d	25d	23d	22d	21d	21d
HRB400 HRBF400 RRB400	一、二级 (l_{abE})	—	46d	40d	37d	33d	32d	31d	30d	29d
	三级 (l_{abE})	—	42d	37d	34d	30d	29d	28d	27d	26d
	四级 (l_{abE}) 非抗震 (l_{ab})	—	40d	35d	32d	29d	28d	27d	26d	25d
HRB500 HRBF500	一、二级 (l_{abE})	—	55d	49d	45d	41d	39d	37d	36d	35d
	三级 (l_{abE})	—	50d	45d	41d	38d	36d	34d	33d	32d
	四级 (l_{abE}) 非抗震 (l_{ab})	—	48d	43d	39d	36d	34d	32d	31d	30d

受拉钢筋锚固长度 l_a、抗震锚固长度 l_{aE}

非抗震	$l_a = \zeta_a l_{ab}$	抗震	$l_{aE} = \zeta_{aE} l_a$

注:1. l_a 不应小于200。
2. 锚固长度修正系数 ζ_a 按右表取用,当多于一项时,可按连乘计算,但不应小于0.6。
3. ζ_{aE} 为抗震锚固长度修正系数,对一、二级抗震等级取1.15,对三级抗震等级取1.05,对四级抗震等级取1.00。

受拉钢筋锚固长度修正系数 ζ_a

锚固条件	ζ_a	
带肋钢筋的公称直径大于25	1.10	
环氧树脂涂层带肋钢筋	1.25	
施工过程中易受扰动的钢筋	1.10	
锚固区保护层厚度	3d	0.80
	5d	0.70

注:中间时按内插值。d 为锚固钢筋直径。

注:1. HPB300级钢筋末端应做180°弯钩,弯后平直段长度不应小于3d,但作受压钢筋时可不做弯钩。
2. 当锚固钢筋的保护层厚度不大于5d时,锚固钢筋长度范围内应设置横向构造钢筋,其直径不应小于d/4(d为锚固钢筋的最大直径);对梁、柱等构件间距不应大于5d,对板、墙等构件间距不应大于10d,且均不应大于100(d为锚固钢筋的最小直径)。

受拉钢筋基本锚固长度 l_{ab}、l_{abE} 受拉钢筋锚固长度 l_a、抗震锚固长度 l_{aE} 受拉钢筋锚固长度修正系数 ζ_a			图集号	11G101-1
设计	高志强		页	53
校对	刘敏			
审核	郁银泉			

4.4 剪力墙节点做法与工艺深化设计原则

4.4.1 剪力墙节点做法

（1）中间层剪力墙边支座

中间层剪力墙边支座如图 4-6 所示。

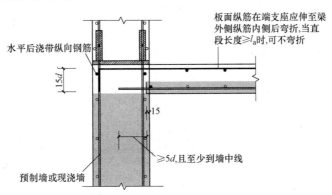

图 4-6 中间层剪力墙边支座

（2）顶层剪力墙边支座

顶层剪力墙边支座如图 4-7 所示。

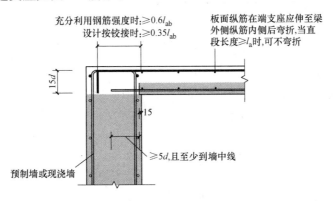

图 4-7 顶层剪力墙边支座

（3）中间层剪力墙中间支座

中间层剪力墙中间支座如图 4-8 所示。

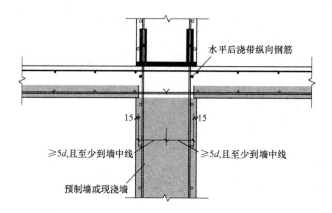

中间层剪力墙中间支座
(预制板留有外伸底板纵筋)

图 4-8　中间层剪力墙中间支座

（4）顶层剪力墙中间支座

顶层剪力墙中间支座如图 4-9 所示。

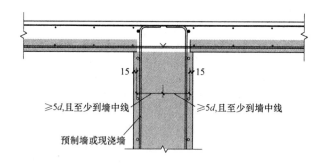

顶层剪力墙中间支座
(预制板留有外伸底板纵筋)

图 4-9　顶层剪力墙中间支座

（5）剪力墙留后浇槽口

剪力墙留后浇槽口如图 4-10、图 4-11 所示。

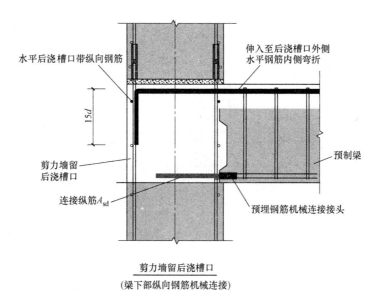

图 4-10 剪力墙留后浇槽口（一）

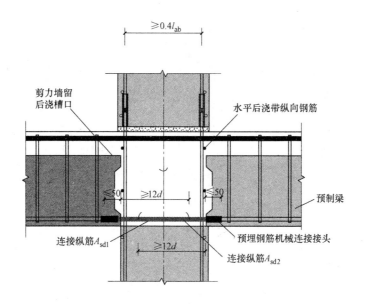

图 4-11 剪力墙留后浇槽口（二）

（6）自保温剪力墙外墙

自保温剪力墙外墙如图 4-12、图 4-13 所示。

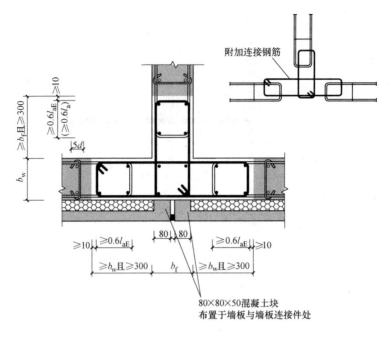

图 4-12 自保温剪力墙外墙 (一)

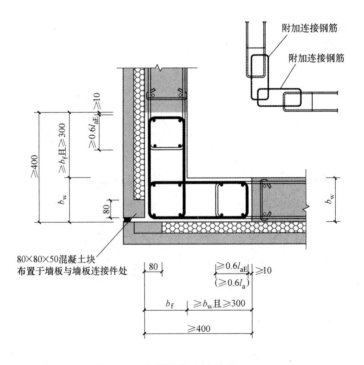

图 4-13 自保温剪力墙外墙 (二)

（7）自保温剪力墙边支座（中间层一）

自保温剪力墙边支座（中间层一）如图 4-14 所示。

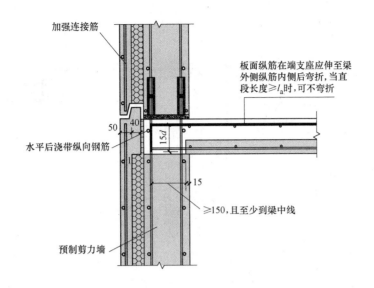

自保温剪力墙边支座(中间层一)
(预制板留有外伸底板纵筋)

图 4-14　自保温剪力墙边支座（中间层一）

（8）自保温剪力墙边支座（顶层一）
自保温剪力墙边支座（顶层一）如图 4-15 所示。

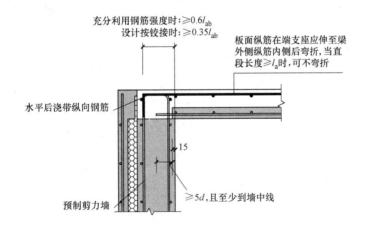

自保温剪力墙边支座(顶层一)
(预制板留有外伸底板纵筋)

图 4-15　自保温剪力墙边支座（顶层一）

（9）自保温外隔墙边支座—带梁（顶层一）
自保温外隔墙边支座—带梁（顶层一）如图 4-16 所示。

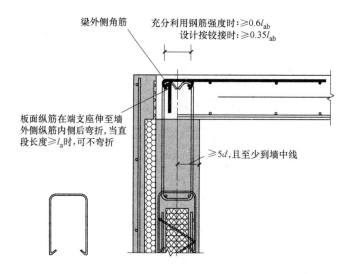

图 4-16 自保温外隔墙边支座—带梁（顶层一）

（10）自保温外隔墙边支座—带梁（中间层一）

自保温外隔墙边支座—带梁（中间层一）如图 4-17 所示。

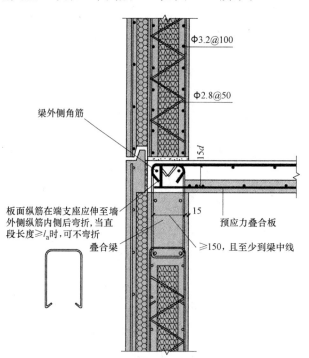

图 4-17 自保温外隔墙边支座—带梁（中间层一）

（11）约束边缘翼墙

约束边缘翼墙如图 4-18 所示。

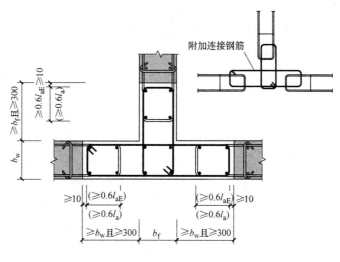

图 4-18　约束边缘翼墙

（12）预制墙在有翼墙处的竖向接缝构造（部分后浇边缘翼墙二）

预制墙在有翼墙处的竖向接缝构造（部分后浇边缘翼墙二）如图 4-19 所示。

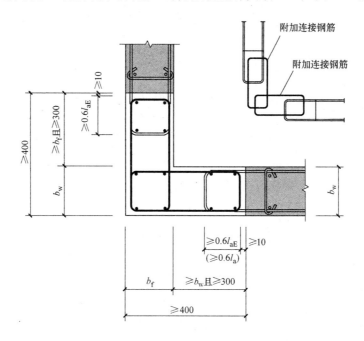

图 4-19　预制墙在有翼墙处的竖向接缝构造
（部分后浇边缘翼墙二）

（13）预制墙竖向分布钢筋部分连接

预制墙竖向分布钢筋部分连接如图 4-20、图 4-21 所示。

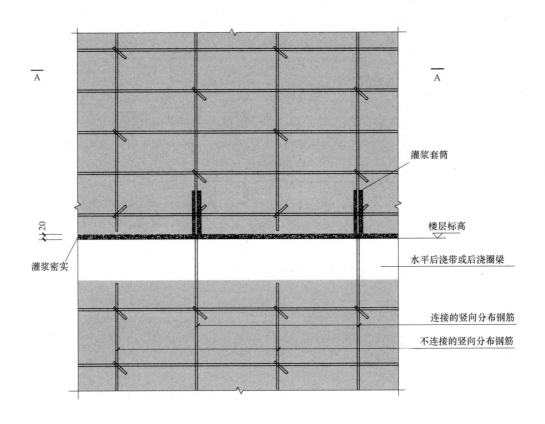

图 4-20　预制墙竖向分布钢筋部分连接（1）

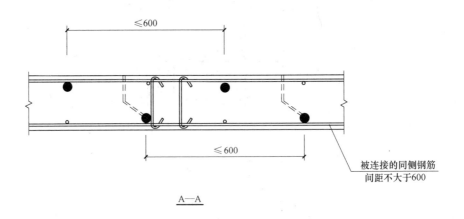

图 4-21　预制墙竖向分布钢筋部分连接（2）

（14）预制连梁与缺口墙连接构造（顶层）

预制连梁与缺口墙连接构造（顶层）如图 4-22、图 4-23 所示。

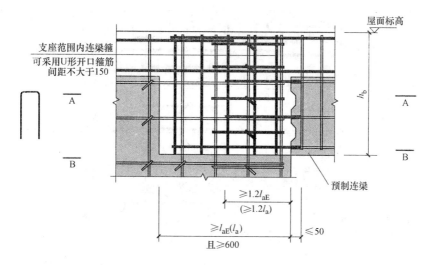

图 4-22 预制连梁与缺口墙连接构造 1（顶层）

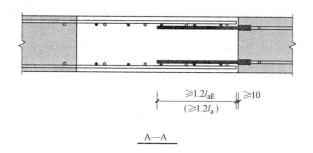

图 4-23 预制连梁与缺口墙连接构造 2（顶层）

（15）预制连梁与缺口墙连接构造（中间层）

预制连梁与缺口墙连接构造（中间层）如图 4-24、图 4-25 所示。

（16）外墙板降板部位连接节点

外墙板降板部位连接节点如图 4-26 所示。

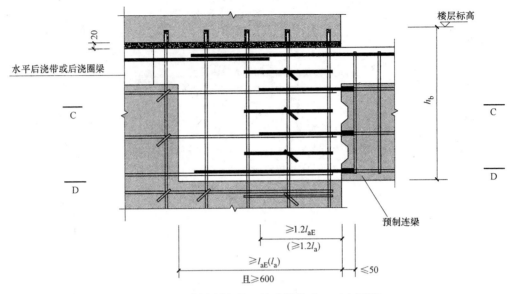

图 4-24 预制连梁与缺口墙连接构造一（中间层）

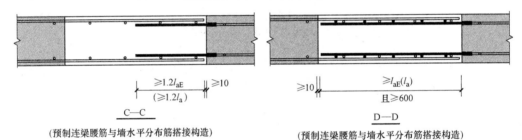

（预制连梁腰筋与墙水平分布筋搭接构造）　（预制连梁腰筋与墙水平分布筋搭接构造）

图 4-25 预制连梁与缺口墙连接构造二（中间层）

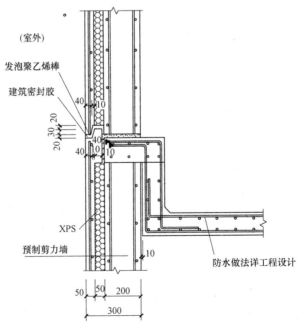

图 4-26 外墙板降板部位连接节点

（17）夹芯保温外墙板竖缝防水构造

夹芯保温外墙板竖缝防水构造如图 4-27～图 4-30 所示。

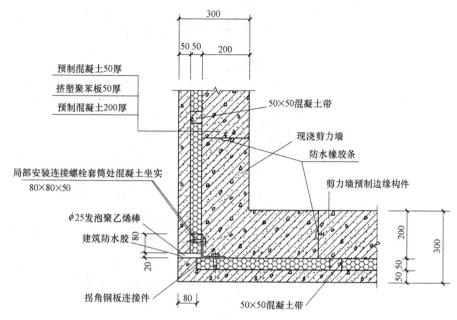

图 4-27 夹芯保温外墙板竖缝防水构造（一）

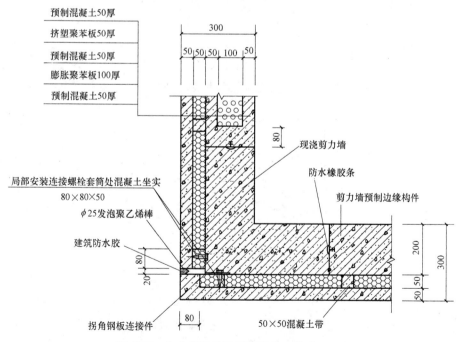

图 4-28 夹芯保温外墙板竖缝防水构造（二）

（18）外墙板与楼板连接节点（中间层）

外墙板与楼板连接节点（中间层）如图 4-31 所示。

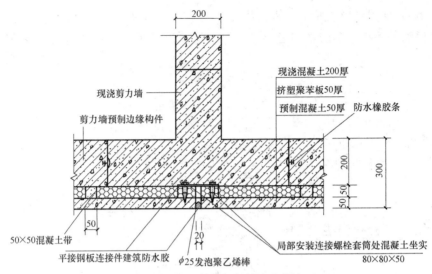

图 4-29 夹芯保温外墙板竖缝防水构造（三）

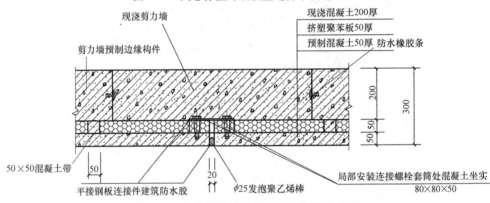

图 4-30 夹芯保温外墙板竖缝防水构造（四）

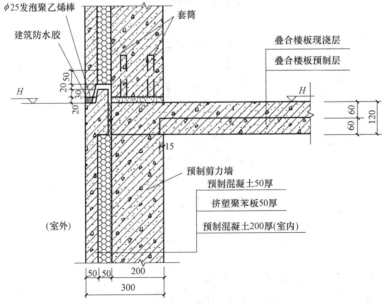

图 4-31 外墙板与楼板连接节点（中间层）

（19）外墙板与楼板连接节点（顶层）

外墙板与楼板连接节点（顶层）如图 4-32 所示。

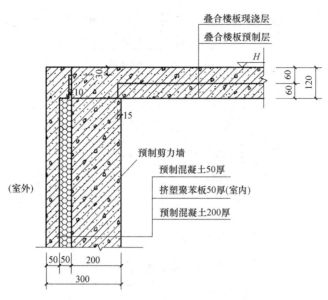

图 4-32 外墙板与楼板连接节点（顶层）

（20）外墙板与楼板连接节点—带梁（中间层）

外墙板与楼板连接节点—带梁（中间层）如图 4-33 所示。

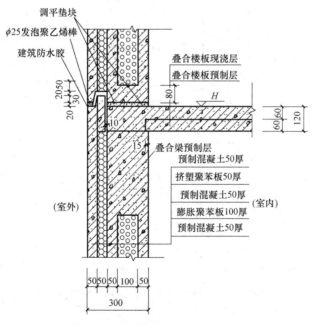

图 4-33 外墙板与楼板连接节点—带梁（中间层）

（21）外墙板与楼板连接节点—带梁（顶层）

外墙板与楼板连接节点—带梁（顶层）如图 4-34 所示。

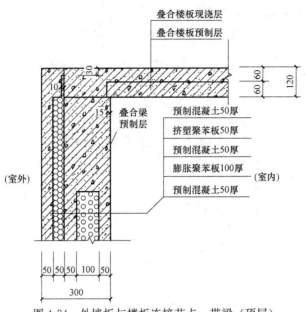

图 4-34　外墙板与楼板连接节点—带梁（顶层）

（22）卫生间与预制剪力墙连接节点

卫生间与预制剪力墙连接节点如图 4-35 所示。

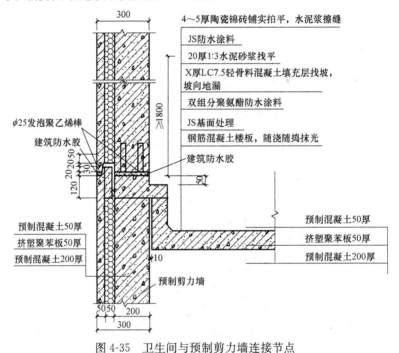

图 4-35　卫生间与预制剪力墙连接节点

4.4.2　剪力墙工艺深化设计原则

1. 装配整体式剪力墙结构中剪力墙工艺拆分原则

（1）对于装配式剪力墙结构，L、T 形等外部或内部剪力墙中墙身长度≥800mm 时，墙身（非阴影部分）一般预制，但其边缘构件处现浇（图 4-36～图 4-40 中阴影部位）。外隔墙（带梁）一般为预制，如图 4-36 所示。

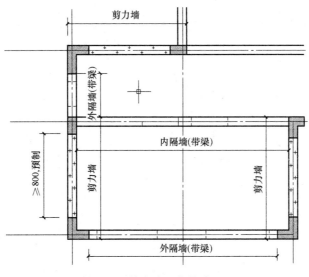

图 4-36 剪力墙工艺设计（1）

注：1. 边缘构件现浇，基于以下因素设计：第一，受力的角度，边缘构件为重要受力部位，应该现浇；第二，边缘构件两端一般为梁的支座，梁钢筋在此部位锚固，应该做成现浇。

2. 预制外墙比较短且全部都开窗或者门洞时，预制外墙可以与相邻剪力墙的边缘构件（暗柱）一起预制，将现浇部位向内移。

3. 边缘构件可以做成预制＋现浇的形式，其拆分方法和此方法相似，并且边缘构件还可以转移。

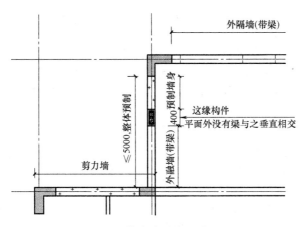

图 4-37 剪力墙工艺设计（2）

（2）L、T 形等形状的外部或内部剪力墙中暗柱长度范围内平面外没有与之垂直相交的梁时，此暗柱与相邻的外隔墙（带梁）、墙身进行预制（总长度≤5m），如图 4-37 所示。

（3）外隔墙或内隔墙垂直方向一侧有剪力墙与之垂直相交时，如果隔墙总长≤5m，可将隔墙连成一块，方便吊装与施工，与剪力墙的连接如图 4-38 所示。

（4）现场装配的外部剪力墙设计时，图 4-39 中暗柱区域现浇，此时尚存 200mm 长度的施工空间，现场施工困难，可采用图 4-40 中的设计方法。

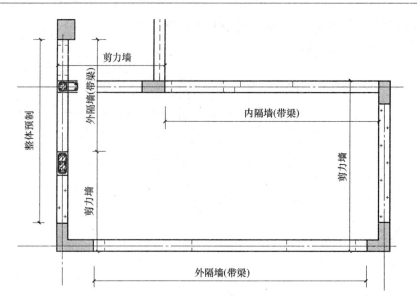

图 4-38　剪力墙工艺设计（3）

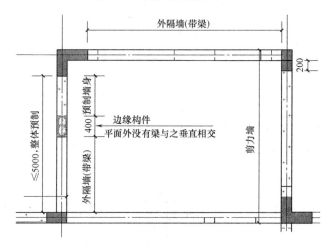

图 4-39　剪力墙工艺设计（4）

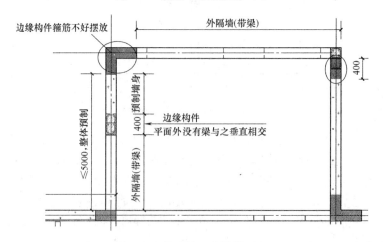

图 4-40　剪力墙工艺设计（5）

（5）电梯井、楼梯处的剪力墙宜现浇。此工程剪力墙工艺拆分（部分）如图 4-41 所示。

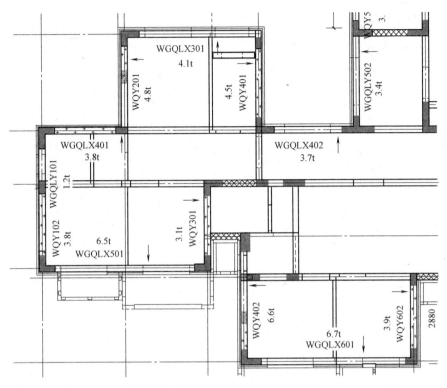

图 4-41 剪力墙平面布置及重量标注

注：1. 在对剪力墙结构进行布置时，多布置 L、T 形剪力墙，少在 L、T 形剪力墙中再加翼缘，特别是外墙，否则拆墙时被拆分的很零散，约束边缘构件太多，且约束边缘构件现浇时模板怕不稳（外墙）；L 形外墙翼缘长度一般≤600mm。T 形翼缘分长度一般≤1000mm，且留出的填充墙窗垛≥200mm。当翼缘长度大于以上值时（地震力比较大，调层间位移角、位移比等需要），此时可以让翼缘端部顶着窗户端部，让翼缘充当窗垛，将梁带隔墙与剪力墙部分翼缘一起预制，留出现浇的长度即可。

2. 剪力墙与带梁隔墙的连接，主要是满足梁的锚固长度，在平面内一般不会出现问题，因为往往暗柱留有 400mm 现浇（200 厚墙）或者与暗柱一起预制；一字形剪力墙平面外一侧伸出的墙垛一般可取 100mm，门垛≥200m，整体预制时可为 0。无论在剪力墙平面内还是平面外，门垛或者窗垛≥200mm。当梁钢筋锚固采用锚板的形式时，梁纵筋应≤14mm（200 厚剪力墙，平面外）。需要注意的是，现浇暗柱的位置可以在图集规定的位置附近转移。

2. 装配整体式剪力墙结构中剪力墙身结构分解

（1）预制剪力墙身结构：外叶 50mm（混凝土）＋保温层 50mm（XPS）＋内叶 200mm（剪力墙）；预制非剪力墙身结构：外叶 50mm（混凝土）＋保温层 50mm（XPS）＋内叶 200mm（梁＋填充墙），内、外叶通过预埋连接件连接；

外墙板 WQY201 中的外叶 50mm（混凝土）＋保温层 50mm（XPS）拆分与套筒连接如图 4-42、图 4-43 所示。

（2）外墙板 WQY201 详图

外墙板 WQY201 详图如图 4-44、图 4-45 所示。

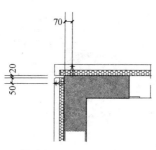

图 4-42 外墙板 WQY201 连接与构造（1）

注：外叶 50mm（混凝土）＋保温层 50mm（XPS）拆分时，L 形拐角处留出 20mm 间隙，其与边缘构件之间用 M16 套筒连接。当外叶 50mm（混凝土）＋保温层 50mm（XPS）伸出边缘构件外边缘时，套筒与边缘构件外边缘的距离可取 70mm；当外叶 50mm（混凝土）＋保温层 50mm（XPS）在边缘构件外边缘内部时，套筒距外叶 50mm（混凝土）＋保温层 50mm（XPS）的边缘距离可取 50mm。

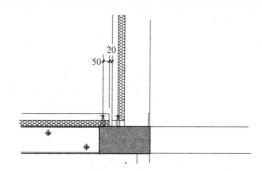

图 4-43 外墙板 WQY201 连接与构造（2）

注：1. 当外叶 50mm（混凝土）＋保温层 50mm（XPS）垂直延伸至边缘构件外边缘时，套筒可以定位在外叶 50mm（混凝土）＋保温层 50mm（XPS）的中间位置；

2. 当外叶 50mm（混凝土）＋保温层 50mm（XPS）在边缘构件外边缘内部时，套筒距外叶 50mm（混凝土）＋保温层 50mm（XPS）的边缘距离可取 50mm。

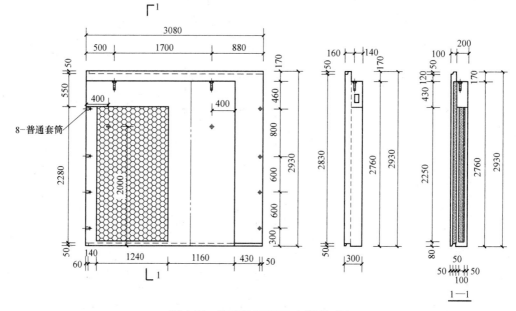

图 4-44 外墙板 WQY201 详图（1）

注：1. 根据起吊重量，吊钉可用 2 个；吊钉与外墙边缘的距离一般最小为 200～300mm，可取 500mm 左右。中间两个吊钉的间距一般可取 1200mm 左右，最大不超过 2400mm。

2. 外叶 50mm（混凝土）＋保温层 50mm（XPS）上的 M16 套筒可以按以下原则布置：到墙底部的距离 300mm，再以间距 600、600、800、800mm 布置。

3. 墙斜支撑布置原则：5m 以内 2 道，5～7m 布置 3 道，7m 以上布置 4 道，斜支撑距离楼面高度一般为 2000mm，且不小于 2/3PC 板高度，遇门窗洞口可将预留点上移。斜支撑距 PC 件端头水平距离在 300～700mm 之间，面向临时通道 PC 板面上不宜设置临时支撑，宜设置在相反的一面；

4. 预制外墙（非剪力墙）根部需设置 L 形连接件用塑料胀管，对应位置可参考斜支撑，距板底 50mm，当遇洞口无法设置时，可设置在暗柱内；外墙现浇长度超过 1m 同时其根部设置连接 L 件用 M16 套筒，距板底 50mm，两端套筒距离其边 300mm，中间均匀布置，间距不大于 1.5m 一个。

5. 外墙板（带梁）高度 2760＝2900（层高）－20（坐浆）－120（叠合板厚度）；外叶 50mm（混凝土）＋保温层 50mm（XPS）高度＝2760＋120（叠合板厚度）＋50（企口高度）＝2930mm。

6. 有高差的地方、看不见的地方应用实线及虚线表示。

7. 图中的截面形状及尺寸应与建筑中的构造一一对应。

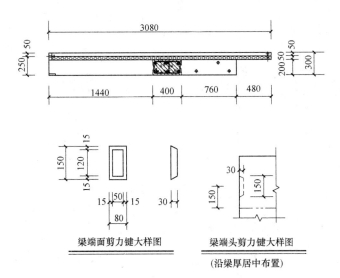

梁端面剪力键大样图　　　　梁端头剪力键大样图

（沿梁厚居中布置）

图 4-45　外墙板 WQY201 详图 （2）

注：1.《预制预应力混凝土装配整体式框架结构技术规程》第 6.5.5-2 条：键槽的深度 t 不宜小于 30mm，宽度 w 不宜小于深度的 3 倍且不宜大于深度的 10 倍；键槽可贯通截面，当不贯通时槽口距离截面边缘不宜小于 50mm；键槽间距宜等于键槽宽度；键槽端部斜面倾角不应大于 30°。

在实际设计中，对于 200mm 宽的梁，键槽尺寸可以按图 4-45 中取值，键槽距离梁底的距离取 150mm；

2.《装配式混凝土结构技术规程》JGJ—2014 第 10.3.2 条：外挂墙板宜采用双层双向配筋，竖向和水平的钢筋的配筋率不应小于 0.15％，且钢筋的直径不宜小于 5mm，间距不宜大于 200m。

《抗规》6.4.3：一、二、三级抗震墙的竖向和横向分布钢筋最小配筋率不应小于 0.25％，四级抗震墙分布钢筋最小配筋率不应小于 0.2％；

6.4.4-1：抗震墙的竖向和横向分布钢筋的间距不宜大于 300mm。

外墙板 WQY201 在图 4-45 中预制墙身的长度为 760mm，一般用直径为 14 的纵筋与套筒连接，抗震等级为四级，则需要直径为 14mm 的纵筋根数＝200（墙厚）×760（长度）×0.2％（配筋率）/154（单根纵筋面积）＝1.97，则需要 2 根即可，本工程布置 3 根，从右到左，间距可分别为 100（墙边距第一根纵筋距离）、300、200、160mm，此间距也可以自己随意调整，在实际工程中，直径为 14mm 的纵筋根数也可以根据需要增加 1～2 根。

3. 当"外叶＋保温层"处的边缘构件现浇混凝土长度≤300mm 时，可以满足浇筑时结构受力要求，当"外叶＋保温层"处的边缘构件现浇混凝土长度在 300～700mm 时，可以采用分层浇筑的办法，或者采用新材料做成的外叶，让外叶刚度、冲击性能均满足施工时结构上的要求。

（3）外墙板 WQY201 配筋图

外墙板 WQY201 配筋如图 4-46～图 4-48 所示。

（4）外墙板 WQY201 配筋及预埋件布置图

外墙板 WQY201 配筋及预埋件布置如图 4-49、图 4-50 所示。

（5）外墙板工艺设计说明

本项目外墙板采用预制剪力墙体系（三明治夹芯板），外墙墙体包括预制剪力墙、预制非剪力墙（梁＋填充墙）、预制混合墙体、预制混凝土单板形式，具体见工艺设计详图。

1）外墙板-预制剪力墙：（混凝土强度 C35）

① 预制剪力墙身结构：外叶 50mm（混凝土）＋保温层 50mm（XPS）＋内叶 200mm（剪力墙），内、外叶通过预埋连接件连接（详见图例大样）。

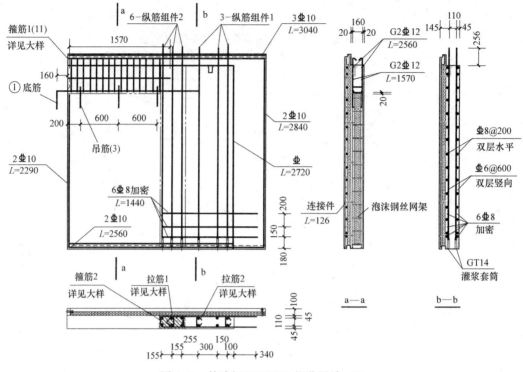

图 4-46　外墙板 WQY201 深化设计（1）

注：1. 梁箍筋、纵筋布置可参考"预制预应力混凝土装配整体式框架结构节点做法及构件工艺深化设计原则"中
3.1.2 屋面层梁 KLX101 工艺深化设计；直锚固长度取 160＝200（梁宽）－40（保护层＋箍筋直径＋竖向纵
筋直径），但不满足 $0.4l_{aE}＝0.4×32×18$（底筋直径）＝230.4mm，可以端头加焊钢板。

2. 吊筋是为了吊 200 厚的含泡沫钢丝网架填充墙，距离墙端部一般最小可取 200mm，然后每隔 600mm 布置
吊筋。

3. 预制剪力墙身中与直径 14mm 的纵筋交错布置的是直径为 6mm 的分布筋（不伸入上层剪力墙中），间距为
600mm（不伸入上层剪力墙中）。剪力墙墙身水平分布筋为 8@200（双层水平）。

4. 《钢筋套筒灌浆连接应用技术规程》第 4.2.3 条：采用套筒灌浆连接的预制混凝土墙应符合下列规定：
(1)灌浆套筒长度范围内最外层钢筋的混凝土保护层厚度不应小于 15mm；
(2)当在墙根部连接时，自灌浆套筒长度向上延伸 300mm 范围内，墙水平分布筋应加密；加密区水平分布筋
的最大间距及最小直径应符合表 4-2 的规定，灌浆套筒上端第一道水平分布钢筋距离套筒顶部不应大
于 50mm。

墙水平分布筋		表 4-2
抗震等级	最大间距（mm）	最小直径（mm）
一、二级	100	8
三、四级	150	8

5. 套筒加密区范围内的水平筋长度 $L＝1440$，其伸入转角墙或者暗柱中的形式参考 11G101p68 页，应该为
直＋弯（15d），水平直段的长度应为 $300＋200－40＝440mm$；也可以参考 G310-1～2P29 页 Q5-2，采用
带弯钩的插入筋，伸出的直锚长度$≥0.8l_{aE}＋10＝0.8×32d＋10＝0.8×32×8＋10＝220mm$。

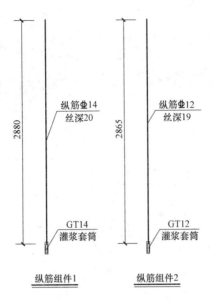

图 4-47 外墙板 WQY201 深化设计（2）

注：纵筋组件 1：纵筋 14mm 的长度＝2760（外墙高）－156（套筒长度）＋120（叠合板厚度）＋20（伸入套筒内长度）
＋20（坐浆）＋112（插入套筒内长度）＝2880mm。

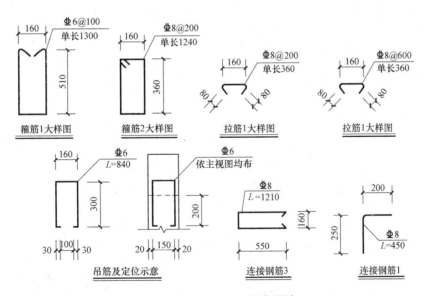

图 4-48 外墙板 WQY201 深化设计（3）

注：1. 梁箍筋、拉筋可参考"预制预应力混凝土装配整体式框架结构节点做法及构件工艺深化设计原则"中
"二 屋面层梁 KLX101 工艺深化设计"；

2. 连接钢筋 3 级连接钢筋 1 的长度取值及伸入边缘构件或者墙中的长度，都是经验值，可按图中取；连接
钢筋 3 距墙底距离可取 230mm，然后每隔间距 200mm 布置；连接钢筋 1 距墙底距离可取 150mm，然后
每隔间距 400mm 布置。

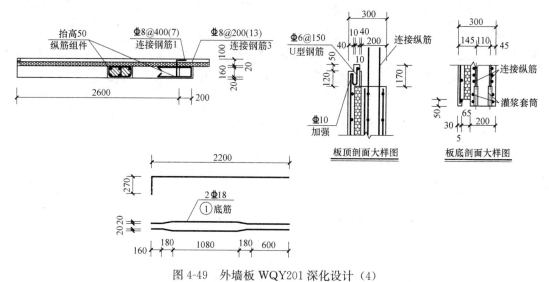

图 4-49　外墙板 WQY201 深化设计（4）

注：1. 图中 270＝15d＝15×18＝270mm，为了便于施工，一般向下弯锚；

2. 为了防止底部纵筋与边缘构件中分布筋打架，可以把梁底部纵筋弯锚固，一根纵筋弯折后高度上的变化一般在 20～50mm；

3. 连接钢筋 3 伸入现浇边缘构件内的长度可参考 G310-1～2：P29≥0.6l_{aE}＝0.6×32d＝0.6×32×8＝153.6mm，可取 200mm。其他一般均为构造，拷贝大样即可。

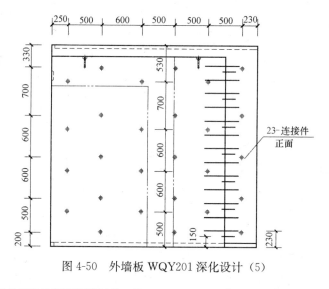

图 4-50　外墙板 WQY201 深化设计（5）

注：外墙挂板内外叶墙用玄武岩纤维筋连接，按 500mm×500mm 或 500mm×600mm 等呈梅花形布置，距底边一般 200mm 或 150mm。

② 墙板外叶配置 ϕ6@150 单层双向钢筋网片。内叶按结构施工图要求配置水平、纵向及拉结钢筋，设置纵筋组件用于边缘构件及剪力墙身竖向连接，墙身对角做抬高 50mm 处理（详见图纸）；墙板四周配 2ϕ10 钢筋加强，门洞口四周配 2ϕ10 钢筋及抗裂钢筋（2ϕ10，L＝600mm），当洞口周边网片筋不能放置时，需加钢筋补强，特殊注明处钢筋加强按图纸要求。

③ 无特殊注明处，所有钢筋端面、最外侧钢筋外缘距板边界 20mm。钢筋标注尺寸均为钢筋外缘标注尺寸。

④ 除详图特殊标明外、保温层 50mm（XPS）按外叶整面墙满铺，如遇预留预埋件（除内、外叶连接件）位置按要求开孔避让。

⑤ 墙板预埋套筒周边 $\phi150$mm 范围内不放置轻质材料，内外叶连接钢筋位置（穿过保温层）$\phi50$mm 范围内不放置轻质材料。

⑥ 内叶剪力墙身顶面、底面及两侧端面混凝土表面粗糙度不小于 6mm，其中两侧端面沿墙厚居中布置防水橡胶条（详见图例大样）。

2）外墙板-预制非剪力墙（梁＋填充墙）：（混凝土强度 C35）

① 预制非剪力墙身结构：外叶 50mm（混凝土）＋保温层 50mm（XPS）＋内叶 200mm（梁＋填充墙），内、外叶通过预埋连接件连接（详见图例大样）；

② 墙板外叶配置 $\phi6@150$ 单层双向钢筋网片；内叶包括上部梁与下部填充墙，其中梁按结构施工图要求配置所需钢筋，填充墙沿墙厚居中配置泡沫 EPS（$t=100$）钢丝网架，即内叶结构为 50mm（混凝土）＋泡沫 100mm（EPS＋钢丝）＋50mm（混凝土）（详见图纸）；墙板四周配 $2\phi10$ 钢筋加强，门窗洞口四周配 $2\phi10$ 钢筋及抗裂钢筋（$2\phi10$，$L=600$mm），当洞口周边网片筋不能放置时，需加钢筋补强，特殊注明处钢筋加强按图纸要求；

③ 除详图特殊标明外、保温层 50mm（XPS）按外叶整面墙满铺，如遇预留预埋件（除内、外叶连接件）位置按要求开孔避让（见第⑦点说明）；

④ 预制梁结合面（上表面）粗糙度不小于 6mm，若无特殊注明，梁顶部统一配 $2\phi10$ 构造筋。预制梁两端需设置剪力键（详梁端头剪力键大样图）；

⑤ 预制填充墙距两侧端面 200mm 范围内不放置轻质材料，且端面沿墙厚居中布置防水橡胶条（详见图例大样）；

⑥ 除特殊标注外，填充墙窗洞四周及底部均有 80mm 混凝土封边；

⑦ 墙板预埋套筒周边 $\phi150$mm 范围内不放置轻质材料，内外叶连接钢筋位置（穿过保温层）$\phi50$mm 范围内不放置轻质材料；

⑧ 窗洞口设置结构防水翻边、预埋窗框及成品滴水槽（详见窗洞剖面大样）；门洞口设置预留预埋件（详见门洞剖面大样）。

3）预制混合墙体（剪力墙＋边缘构件＋梁＋填充墙）：（混凝土强度 C35）

① 预制混合墙身结构：外叶 50mm（混凝土）＋保温层 50mm（XPS）＋内叶 200mm（剪力墙＋梁＋填充墙），内、外叶通过预埋连接件连接（详见图例大样）；

② 预制边缘构件设计按结构施工图要求配置箍筋及拉结钢筋，设置纵筋组件用于边缘构件墙身竖向连接（详见图纸）；

③ 预制混合墙体兼备预制剪力墙与预制非剪力墙工艺设计特点，预制混合墙身详图设计应按照上述 1）、2）所述工艺设计说明的对应内容要求执行。

4）预制混凝土单板（外挂板）：（混凝土强度 C35）

① 预制混凝土单板墙身结构：100mm（混凝土）；

② 墙板四周配 $2\phi10$ 钢筋加强；墙板上部设置 $\phi12@600$ 连接钢筋，锚入后浇混凝土墙体内；

③ 墙板按设计要求预埋套筒（详见图纸）。

5）其他

① 总说明只包括通用做法和大样，其他大样及钢筋大小、规格详见工艺详图，按图生产；

② 本项目预制边缘构件和剪力墙身分别采用 GT-12 与 GT-14 灌浆套筒进行纵向连接；

③ 预埋灌浆套筒灌浆孔需用软套管接出至墙板表面，同时应采取有效措施防止管路堵塞；灌浆套筒接管过程中，严禁将各软套管绑扎在一起进行混凝土浇筑（详见图例大样）；

④ 图纸未做要求的其他预埋（保温材料、门窗、线盒、线管、木方等）具体要求详细见建筑、结构、水电、装修施工图；门洞口预埋木方按装修要求，参考装修标准及文件。

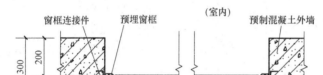

1．一级、二级、三级钢：Φ、Ⴒ、Ⴘ

2．普通套筒(M16×70)：

3．吊钉(L=170)：

4．塑料胀管(L=80)：

5．连接件(L=12.6)：

6．灌浆套筒：

7．轻质材料：

图 4-51　图例及说明

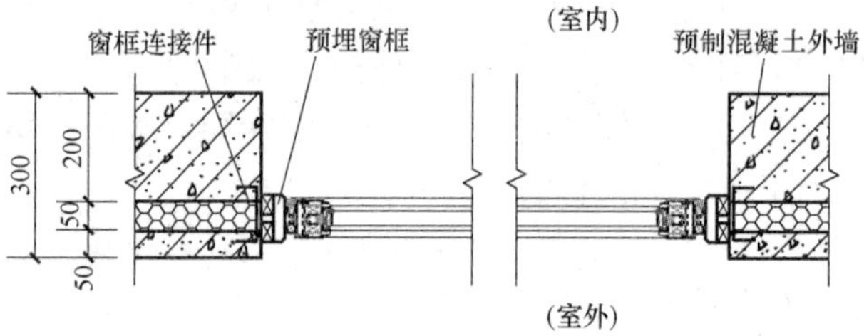

6）图例及说明（图 4-51）

7）图例大样（图 4-52～图 4-61）

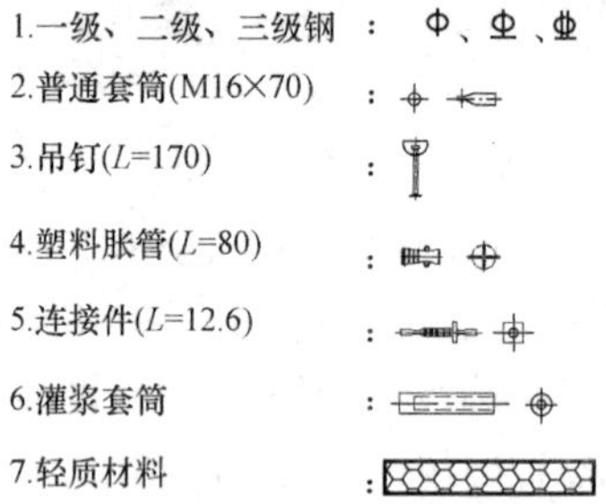

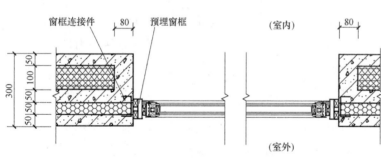

图 4-52　剪力墙窗框连接构造

图 4-53　填充墙窗框连接构造

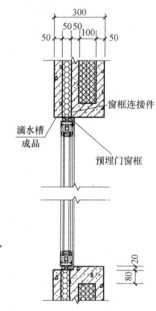

图 4-54　平窗连接构造

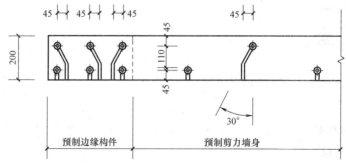

图 4-55　灌浆套筒注浆软管布置示意（1）

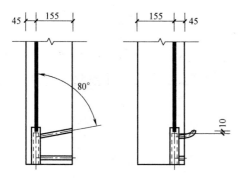

图 4-56　灌浆套筒注浆软管布置示意（2）

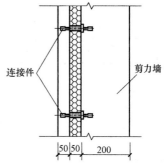

图 4-57　连接件预埋示意（剪力墙）

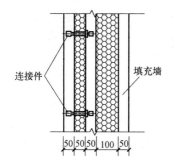

图 4-58　连接件预埋示意（填充墙）

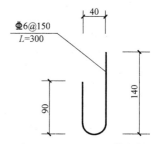

图 4-59　企口 U 型筋大样

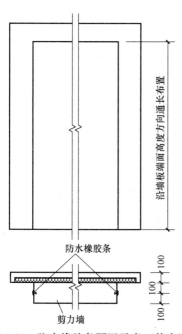

图 4-60　防水橡胶条预埋示意（剪力墙）

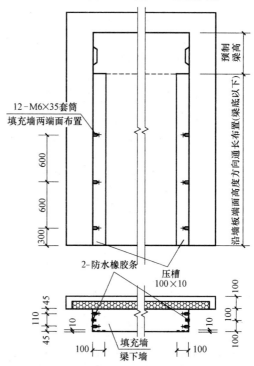

图 4-61　防水橡胶条预埋示意（填充墙）

3. 外墙板 WQY401 详图

（1）外墙板 WQY401 详图

外墙板 WQY401 详图如图 4-62～图 4-64 所示。

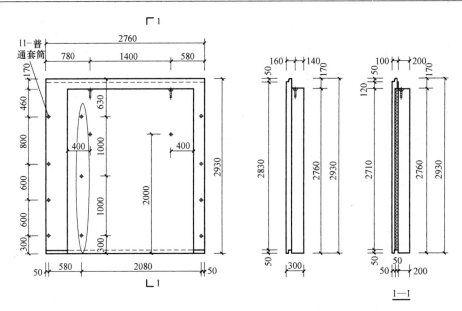

图 4-62　外墙板 WQY401 工艺深化设计（1）

注：1. 从墙左侧开始距离墙边布置 M16 套筒是为了固定外叶 50mm（混凝土）＋保温层 50mm（XPS）；可以从墙底 300mm 以间距 600mm、600mm、800mm、800mm 开始布置。

2. 由图 4-62 可知，外墙板 WQY401 在垂直方向有填充墙与之相连，填充墙与剪力墙之间用盒子＋M16 套筒连接，盒子一般固定在填充墙反端部，剪力墙中布置套筒。预制墙板与预制墙板 T 形相接时，在一侧墙板上预留套筒，另一侧预留 100mm×100mm×100mm 或 100mm×100mm×80mm（宽度）铁盒通过螺杆相连，沿墙高 300mm，1000mm，1000mm；

竖向现浇与 PC 墙边板（包括预制剪力墙）之间为防止后期开裂，在 PC 墙板端头预留 M6 套筒，PC 墙板吊装完成后，安装模板前，用丝螺杆连接，螺杆外露长度不小于 150mm，带梁墙板沿墙高 300mm、600mm、800mm 设置，无梁墙板沿墙高 300mm、600mm、600mm、800mm 设置。

3. 起吊吊钉及墙斜支撑布置原则可参考"（2）外墙板 WQY201 详图"。

4. 前视图与剖面图中的外形应与建筑节点一一对性。

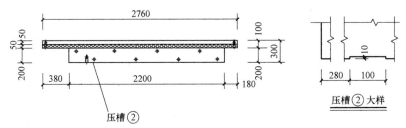

图 4-63　外墙板 WQY401 工艺深化设计（2）

注：1. 在竖向现浇（预制）与预制部位，每边设置压槽，宽度为每边 100mm，深度 10mm，沿全高设置。需要注意，为了方便更好的粘结，压槽应该从墙边进入 20mm，当墙厚 100mm 时，与之垂直的墙上压槽可以拉通，如图 4-64 中右图所示，当墙厚 200mm 时，压槽应该从墙边进入 20mm，与之垂直的墙上压槽可以不拉通，如图 4-64 中左图所示。

2. 其他可参考"（2）外墙板 WQY201 详图"。

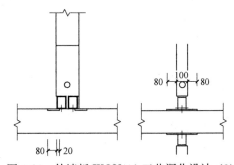

图 4-64　外墙板 WQY401 工艺深化设计（3）

（2）外墙板 WQY401 配筋图

外墙板 WQY401 配筋如图 4-65、图 4-66 所示。

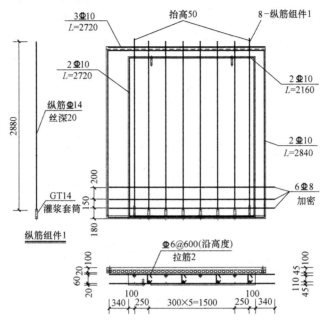

图 4-65 外墙板 WQY401 工艺深化设计（4）

注：1. 墙身用套筒连接时，在保证构件安全、延性设计及配筋率的前提下，为了减小连接套筒个数，竖向连接纵筋最大值取 14mm，同时配置适量的防开裂等分布筋，直径为 6mm，不延伸至上层；

2. 其他可参考"（2）外墙板 WQY201 详图"。

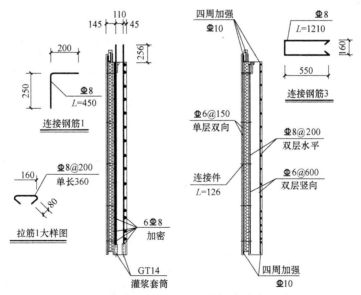

图 4-66 外墙板 WQY401 工艺深化设计（5）

注：其他可参考"（2）外墙板 WQY201 详图"。

（3）WQY401 配筋及预埋件布置图

WQY401 配筋及预埋件布置如图 4-67、图 4-68 所示。

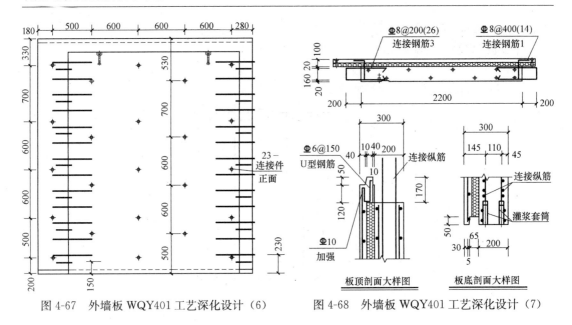

图 4-67　外墙板 WQY401 工艺深化设计（6）　　　图 4-68　外墙板 WQY401 工艺深化设计（7）

4.5　内墙（带梁）工艺深化设计原则

4.5.1　预制内墙板平面布置

预制内墙板平面布置图（部分）如图 4-69 所示。

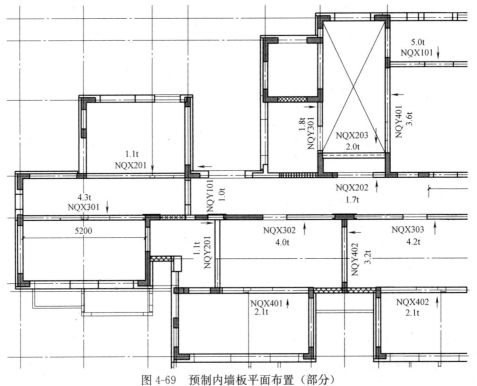

图 4-69　预制内墙板平面布置（部分）

4.5.2　NQX301 详图

（1）NQX301 详图

NQX301 详图如图 4-70、图 4-71 所示。

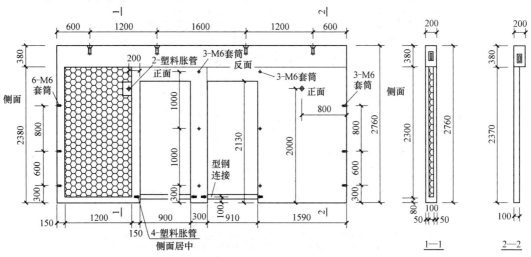

图 4-70　NQX301 工艺深化设计（1）

注：1. 内隔墙带梁进行工艺深化设计时，应考虑很多的细节问题，还要与周边的垂直相交的隔墙用连接构件相连；梁与内隔墙之间应根据墙厚的不同，用不同的连接件相连；

2. 吊钉的定位，一般吊钉距墙边距离至少 200～300mm，常取 500mm 左右，中间的吊钉间距常取 1200mm 左右，如果吊钉根数比较多，中间吊钉间距一般应根据实际工程取，一般不超过 2400mm；吊钉应对称布置，当吊钉与其他预埋件或者开键槽"打架"时，应根据具体情况调整吊钉位置，以 50mm 为模数；

3. NQX301 左端与现浇暗柱先连接，竖向现浇与 PC 墙边板（包括预制剪力墙）之间为防止后期开裂，在 PC 墙板端头预留 M6 套筒，PC 墙板吊装完成后，安装模板前，用丝螺杆连接，螺杆外露长度不小于 150mm，带梁墙板沿墙高 300mm、600mm、800mm 设置，无梁墙板沿墙高 300mm、600mm、600mm、800mm 设置；

4. 墙斜支撑布置原则：5m 以内 2 道，5～7m 布置 3 道，7m 以上布置 4 道，斜支撑距离楼面高度一般为 2000mm，且不小于 2/3PC 板高度，遇门窗洞口可将预留点上移。斜支撑距离 PC 件端头水平距离在 300～700mm 之间，面向临时通道 PC 板面上不宜设置临时支撑，宜设置在相反的一面；门洞处为了增强整体刚度，用型钢连接，型钢之间用 2 根塑料胀管相连，塑料胀管距墙底距离一般可取 100mm；

5. 预制墙板与预制墙板 T 形相接时，在一侧墙板上预留套筒，一侧预留 100mm×100mm×100mm 或 100mm×100mm×80mm（宽度）铁盒通过螺杆相连，沿墙高 300mm，1000mm，1000mm。

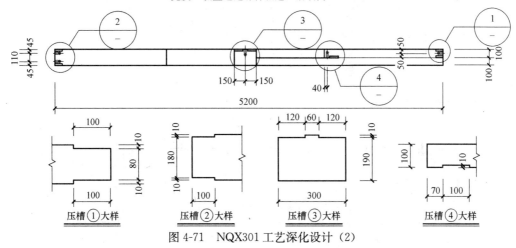

图 4-71　NQX301 工艺深化设计（2）

（2）内墙板 NQX301 配筋图

内墙板 NQX301 配筋如图 4-72、图 4-73 所示。

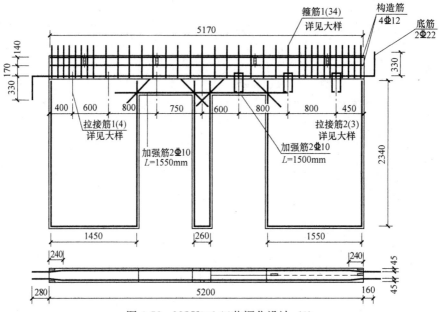

图 4-72 NQX301 工艺深化设计（3）

注：1. 梁下用拉接筋 2 是因为墙厚变为 100mm；

2. 墙身周边或者洞口边应用直径为 10mm（三级钢）的竖向筋加强，其保护层厚度可取 20mm；底筋锚固时，如果直锚不够，则采用"直＋弯"的锚固形式；本工程剪力墙抗震等级为四级，混凝土强度等级 C35，查 11G101p53，l_{abE} 可取 $32d=32×22=704mm$；左端支座为 400mm 暗柱，直锚长度取 $0.4l_{abE}=704×0.4=281.6$，可取 290mm 或 280mm，弯锚 $=15d=330$；右端支座为 200 厚剪力墙平面外宽度，则直锚长度＝200（墙厚）－40（保护层＋箍筋直径＋竖向分布筋）＝160，弯锚 $=15d=330$；可以采用加锚板的锚固形式。

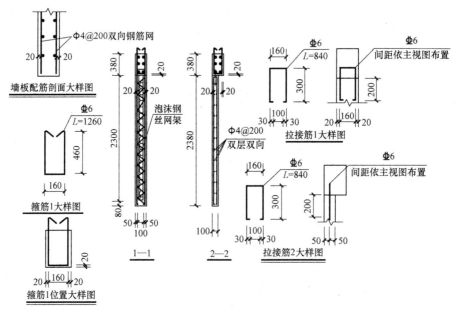

图 4-73 NQX301 工艺深化设计（4）

注：1. 可参考"（2）外墙板 WQY201 详图"。

2. 大样可以拷贝过来使用，少量修改即可。

（3）NQX301工艺图技术说明、图例说明

NQX301工艺图技术说明、图例说明如图4-74所示。

1．墙板厚度为100/200mm：其中100m厚墙体为实心混凝土墙，墙体网片钢筋为Φ4@200双层双向；200mm厚墙体为外侧50mm(混凝土)+钢丝网架泡沫板100mm+内侧50mm(混凝土)；混凝土强度C35；

2．无特殊注明处，所有钢筋端面、最外侧钢筋外缘距梁、板边界20mm；预制梁结合面(上表面)不小于6mm粗糙度；

3．除特殊注明，墙右侧和底部以及门窗洞口四周配2Φ12加强钢筋；门窗洞口角部设置2Φ12，L=600mm抗裂钢筋，构件出厂前需按视图方向注明正反面；

4．预制梁箍筋加密区长度应为1.5×梁高，详见大样图说明；预制梁部分顶部若无特殊标注统一配2Φ10架立筋，长度见详图；

5．除特殊注明外，墙板预埋位置周边150mm范围内不放置轻质材料；

6．吊钉的规格为L=170mm，载荷2.5t，沿梁厚居中布置，底部加持2Φ10(L=200mm)防拔钢筋；

7．门洞周边预留木方，木方尺寸和定位见《门洞预留木方标准图》；门洞两侧配置塑料胀管如与预留木方位置冲突，可适当调整木方位置；

8．图纸未做要求的其他预埋(保温材料、门窗、线盒、线管、木方等)具体要求详细见建筑施工图、结构施工图、水电施工图、装修施工图。

9．图例说明：
(1.一级、二级、三级钢）：Φ、Φ、Φ
(2.轻质材料）：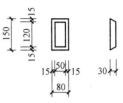
(3.塑料胀管(L=80)）：
(4.吊灯(L=170)）：
(5.M6(L=35mm)、M16(L=70mm)套筒）：

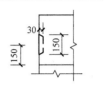

梁端面剪力键大样图

梁端头剪力键大样图

（沿梁厚居中布置）

图4-74　NQX301工艺图技术说明、图例说明

4.6　内隔墙（不带梁）节点做法与工艺深化设计原则

4.6.1　内隔墙节点做法

（1）内隔墙与楼板连接节点

内隔墙与楼板连接节点如图4-75、图4-76所示。

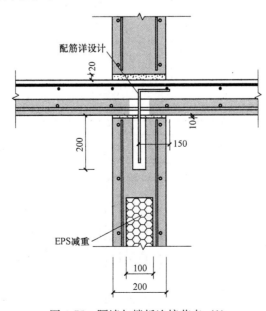

配筋详设计

EPS减重

图4-75　隔墙与楼板连接节点（1）

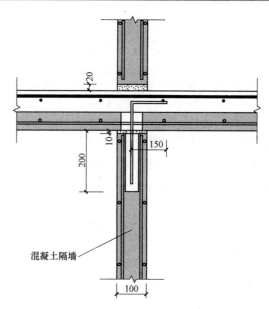

图 4-76　隔墙与楼板连接节点（2）

（2）预制内墙连接

预制内墙连接如图 4-77、图 4-78 所示。

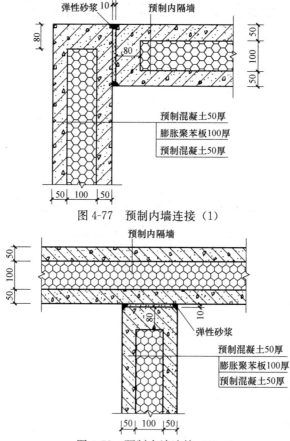

图 4-77　预制内墙连接（1）

图 4-78　预制内墙连接（2）

4.6.2 内隔墙（不带梁）工艺深化设计原则

1. 内隔墙（不带梁）平面布置图

内隔墙（不带梁）平面布置（部分）如图 4-79 所示。

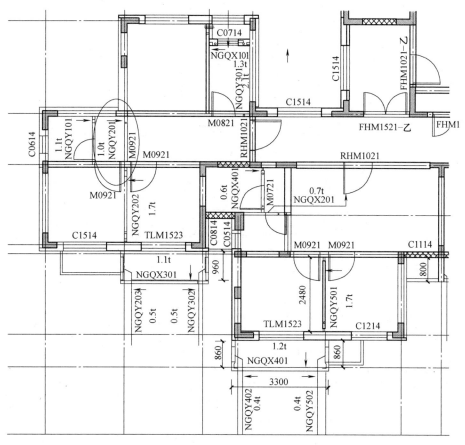

图 4-79　内隔墙（不带梁）平面布置（部分）

注：1. 面向临时通道 PC 板面上不宜设置临时支撑，宜设置在相反的一面；卫生间为了方便贴瓷砖等，一般把预制内隔墙毛糙面布置在卫生间内，所以卫生间内的隔墙正面一般在卫生间，如图中画圈所示；

2. 内隔墙与内隔墙或内隔墙与剪力墙之间应留 10mm 安装缝，当内隔墙与现浇剪力墙部分相连时，不用留 10mm 安装缝；

3. 层高 2900mm，叠合板厚度 120mm，隔墙底部坐浆 20mm，隔墙与上层板底之间留有 10mm 安装缝，所以内部隔墙高度＝2900－120－20－10＝2750mm；

4. 空调板上隔墙高度＝2900(层高)－100(空调板厚度)－20(墙底坐浆)－10(隔墙与上层板底之间安装缝)＝2770mm；

5. 阳台处外隔墙高度＝2900(层高)－20(墙底坐浆)＝2880mm；

6. 客厅处板厚 130mm，则此处内隔墙高度＝2900(层高)－130(叠合板厚度)－20(墙底坐浆)－10(隔墙与上层板底之间安装缝)＝2740mm。

2. 内隔墙 NGQY101 详图

（1）内隔墙 NGQY101 详图

内隔墙 NGQY101 详图如图 4-80 所示。

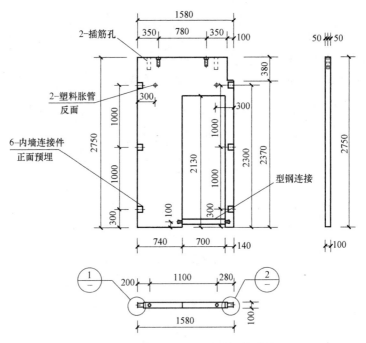

图 4-80　内隔墙 NGQY101 工艺深化设计（1）

注：1. 吊钉距离隔墙边的距离一般至少 200～300mm，当吊钉根数比较多时，中间部分的吊钉间距一般可取 1200mm 左右，最大一般不超过 2400mm，且中间部分吊钉的间距应大于两边吊钉之间的间距；

吊钉与隔墙上插筋孔中心距的距离一般最小取 100mm，所以内隔墙 NGQY101 吊钉距离隔墙边的距离取 200＋100＝300mm；吊钉应对称布置，当吊钉与其他预埋件或者开键槽"打架"时，应根据具体情况调整吊钉位置，以 50mm 为模数；隔墙上插筋孔中心距离隔墙边的最小距离一般为 200mm，一般布置 2 个；

2. 预制墙板与预制墙板 T 形相接时，在一侧墙板上预留套筒，一侧预留 100mm×100mm×100mm 或 100mm×100mm×80mm（宽度）铁盒（一般以内部隔墙为主）通过螺杆相连，沿墙高 300mm，1000mm，1000mm；

3. 内隔墙 NGQY101 右边开缺是因为与梁"打架"，梁设计高度为 500mm，减去叠合楼板高度 120mm，则开缺高度应为 500－120＝380mm，且隔墙与上层板底之间留有安装缝 10mm，能保证正常安装，开缺宽度为 100mm，因为"打架部位"的宽度为 100mm，且内隔墙与内隔墙或内隔墙与剪力墙之间应留 10mm 安装缝，能保证正常安装；

4. 墙斜支撑布置原则：5m 以内 2 道，5～7m 布置 3 道，7m 以上布置 4 道，斜支撑距离楼面高度一般为 2000mm，且不小于 2/3PC 板高度，遇门窗洞口可将预留点上移。斜支撑距离 PC 件端头水平距离在 300～700mm 之间，面向临时通道 PC 板面上不宜设置临时支撑，宜设置在相反的一面；

NGQY101 布置两道墙斜支撑，距离隔墙底部的高度一般以 2000mm 居多，遇到洞口时最大不超过 2400mm；

5. 门洞处为了增强整体刚度，用型钢连接，型钢之间用 2 根塑料胀管相连，塑料胀管距离墙底距离一般可取 200mm；

6. 开门洞或其他洞口时，应根据门洞表或建筑立面图绘制；内隔墙 NGQY101 门洞尺寸为 700mm×2100mm；由于隔墙下有 20mm 坐浆，且房间内有 50mm 找层装修层等，所以在数学上应符合以下公式：内隔墙上门洞实际高度＋坐浆厚度＝2100mm＋50mm，所以：内隔墙上门洞实际高度＝2100＋50－20＝2130mm；

（2）内隔墙 NGQY101 配筋图

内隔墙 NGQY101 配筋如图 4-81 所示。

（3）内隔墙 NGQY101 工艺图技术说明、图例说明

内隔墙 NGQY101 工艺图技术说明、图例说明如图 4-83 所示。

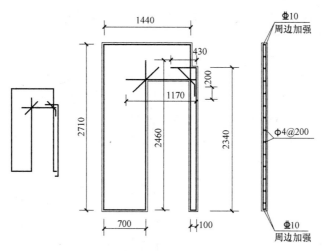

图 4-81 内隔墙 NGQY101 工艺深化设计（2）

注：1. 内隔墙四周属于不连续的地方，墙板四周配 2φ12 钢筋加强，门洞口四周配 2φ12 钢筋及抗裂钢筋（2φ10，L＝600mm）。

2. 对于 100mm 厚的内隔墙，可设置 φ4@200 的水平与竖向分布筋，属于构造，但不满足 0.15% 的配筋率。4@200＝63mm²，两侧总面积＝126mm²，＜0.15%×100×1000＝150mm²。

3. 洞口上加强筋从墙边伸到隔墙内的长度可按受拉锚固长度取，32d＝320；在实际设计中，当计算出受拉锚固长度后，可以50mm 模数进行调整，取 350mm。

4. 门洞附加筋的长度取 600mm，45°或 135°布置；一般可拷贝复制。如果布置时，钢筋伸出墙外，可按图 4-82 进行处理，以附加钢筋端点为圆心，做直径为 200mm 的圆。

5. 当洞口边垛宽度≤100mm，可以"砍掉"洞口高度范围内的垛，现浇处理，否则施工中很容易破坏。

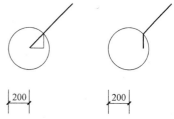

图 4-82 洞口加强斜筋布置

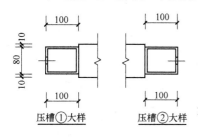

压槽①大样　压槽②大样

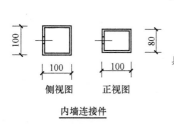

侧视图　正视图

内墙连接件

1. 墙板采用 C35 混凝土，配 φ4@200 双层双向钢筋网片，具体见详图；

2. 无特殊注明处，沿墙板外轮廓配 2φ10 加强钢筋；窗洞口四周配 2φ10 钢筋及抗裂钢筋(2φ10，L＝600mm)；

3. 无特殊注明处，所有钢筋墙面、最外侧钢筋外缘距板边界 20mm；

4. 无特殊注明处，板表面做抹平处理，所有构件出厂前需按视图方向注明正反面；

5. 吊具采用规格为 L＝170mm 锚钉、载荷 2.5t，沿墙厚居中布置，底部加持 2φ10 防拔钢筋，详见大样图；

6. 墙板顶部采用 φ50 波纹管预留插筋孔，孔深 200，沿墙厚居中布置；

7. 墙板两端做 C10 倒角处理具体详见大样，未注明端面不作处理；

8. 图纸未做要求的其他预埋(保温材料、门窗、线盒、线管等)具体要求详细见建筑施工图、结构施工图、水电施工图；

9. 图例说明：

1. 一级、二级、三级钢：φ、Φ、Φ；

2. 塑料胀管(L＝80)：

3. 吊钉(L＝170)：

4. 普通套筒(M16×70)：

5. 插筋孔：○

图 4-83 内隔墙 NGQY101 工艺图技术说明、图例说明

3. 内隔墙 NGQX301 详图

（1）内隔墙 NGQX301 详图

内隔墙 NGQX301 详图如图 4-84 所示。

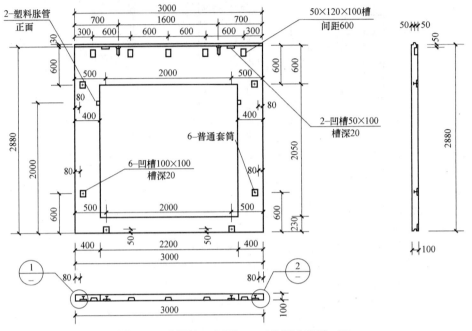

图 4-84　内隔墙 NGQX301 工艺深化设计（1）

注：1. 内隔墙 NGQX301 不支撑在楼板上，应根据建筑图中的企口尺寸（图 4-85）绘制剖面图。

　　2. 内隔墙 NGQX301 不支撑在楼板上，其稳定性可以在底部与两边设置凹槽 20mm×100mm×100mm 用角钢及套筒分别与楼板、侧面相邻隔墙相连；在底部，由于阳台板降了标高 50mm，所以设置了 20mm×100mm×50mm 凹槽用角钢与阳台板相连。凹槽距离墙边的距离可取 500mm 左右，凹槽之间的距离可取 2000mm 左右。

　　　　内隔墙 NGQX301 不支撑在楼板上，在其顶部向下 50mm（阳台降 50mm）开始设置 50mm×120mm×100mm 的槽口，在槽口中甩钢筋与阳台上现浇层楼板相连。槽口距隔墙边的距离可取 300mm～500mm，槽口中间的距离可取 600～1500mm，为了保证结构的稳定性，NGQX301 中的槽口间距可取小值，本工程中槽口间距应根据结构要求取值。

　　3. 侧面凹槽 20mm×100mm×100mm 距墙边的距离取 80mm，是为了方便放置角钢，如图 4-86 所示。

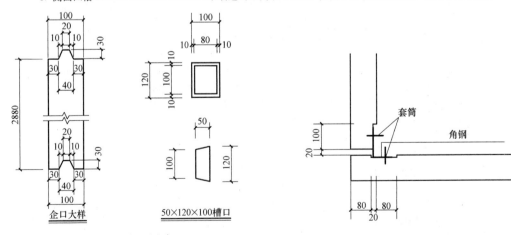

图 4-85　企口尺寸

图 4-86　内隔墙之间的连接示意

（2）内隔墙 NGQX301 配筋图

内隔墙 NGQX301 配筋如图 4-87 所示。

4. NGQY601 详图

（1）NGQY601 详图

NGQY601 详图如图 4-88 所示。

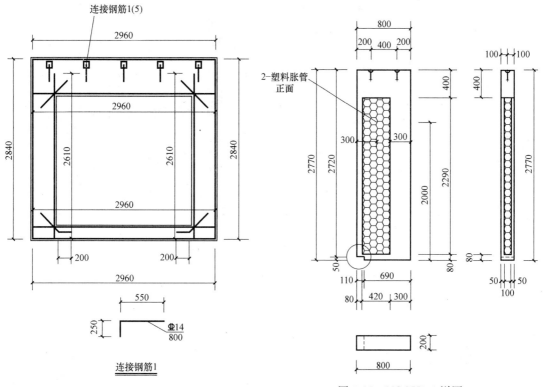

图 4-87　内隔墙 NGQX301 工艺深化设计（2）

图 4-88　NGQY601 详图

注：1. 连接钢筋 1 根据建筑节点取值，距离隔墙边 300mm，间距 600mm 布置。

2. 甩筋水平段长度可按受拉锚固长度取值：$32d = 448mm$，加上伸到隔墙内的长度，可保守取 550mm；弯折长度可取 $15d = 210mm$，以 50mm 为模数，可取 250mm。从受力的角度分析，钢筋靠与混凝土之间的咬合力等和混凝土共同受力，钢筋主要承受拉应力，在满足"直锚"的前提下，直锚固长度没必要放大很多，因为现浇层与叠合层在板跨不是很大，受力不大的前提下，经过有关实验验证，预制＋现浇的受力模式与传统现浇受力差别不大。弯折锚固属于构造要求。

3. 甩筋距离隔墙顶距离取 80mm＝50（阳台板降标高）＋30（保护层厚度＋板面筋直径）。

注：1. NGQY601 支撑在空调板上，空调板上有翻边，所以根据建筑节点，在底部留了一个 80mm × 50mm × 200mm 的缺口；

2. NGQY601 在设计时，周边没有内隔墙与楼板帮助保证其稳定性，所以设计时，顶部设计成 200mm × 400mm 暗梁，吊下面隔墙，墙身中通过甩钢筋与其支座剪力墙相连；

3. 根据建筑节点，200mm 厚的泡沫钢丝网架内隔墙距墙边、底边的距离为 80mm，由于在墙右端要通过甩直径为 6mm 的钢筋与剪力墙相连，则应留的距离为 $80 + 32d = 80 + 32 × 6 = 272mm$，取 300mm；

（2）内隔墙 NGQY601 配筋图

内隔墙 NGQY601 配筋如图 4-89、图 4-90 所示。

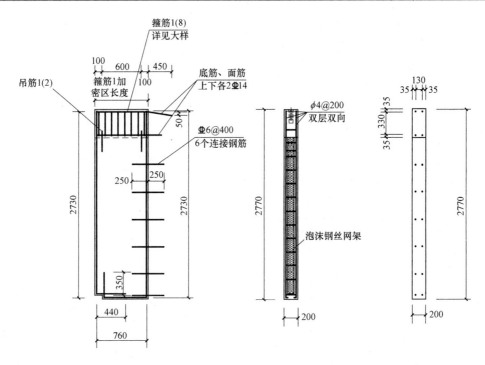

图 4-89　NGQY601 工艺深化设计（1）

注：1. 暗梁配筋应通过计算确定；

2. 暗梁下部墙身甩出的钢筋可构造配置，直径为 6mm，间距取 400～600mm；锚固长度按 32d 取 ＝ 192mm，取 250mm 偏于安全。

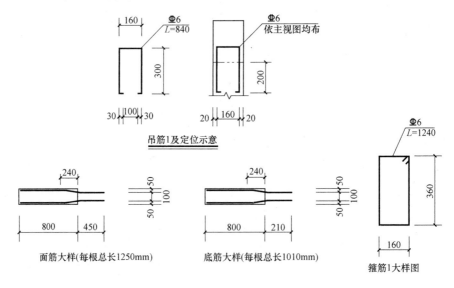

图 4-90　NGQY601 工艺深化设计（2）

注：1. 为了防止面筋、底筋纵筋与边缘构件中钢筋打架，可以把梁面部、底部纵筋弯锚固，一根纵筋弯折后高度差一般在 20～50mm；

2. 混凝土强度等级 C35，四级抗震，面筋直锚长度＝32d＝32×14＝448mm，取 450mm，底筋由于是悬挑构件，参考图集 16G101p89，直锚长度＝15d＝15×14＝210mm，取 210mm。

4.7 板节点做法与工艺深化设计原则

4.7.1 板节点做法

板拼缝连接如图 4-91 所示。

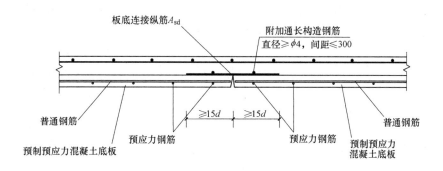

图 4-91 板拼缝连接

4.7.2 板工艺深化设计原则

1. 预制楼板平面布置图

预制楼板平面布置如图 4-92 所示。

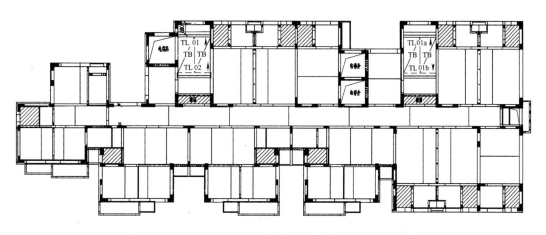

图 4-92 预制楼板平面布置

2. 拆板原则

根据供应商提供的数据，板最大宽度只能做到 2400mm，且本工程板厚≤140mm，尽量做成 130mm。根据计算，当叠合板厚度取 130mm（70 预制＋60 现浇），预应力筋采用 4.8mm 螺旋肋钢丝时，板最大长度一般不宜超过 4800mm。

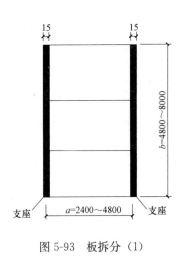

图 5-93　板拆分（1）

由于该剪力墙结构中很少有次梁，基本上为大开间板且左右及上下板块之间具有对成型，总结出如下拆板原则：

（1）当板短边 $a=2400\sim4800\text{mm}$，长边 $b=4800\sim8000\text{mm}$，一般以长边为支座比较经济，板在安全的前提下，让力流的传递途径短，这样比较节省。在拆分时，由于剪力墙结构中除了走廊，其他开间很少有 $>8000\text{mm}$，所以一般每块板的宽度可为：$b/2$ 或 $b/3$，在满足板宽$\leqslant2400\text{mm}$ 时尽量让板块更少；如图 4-93 所示。

（2）当板短边长为 $1200\sim2400\text{mm}$，长边很长时，则可以以长边为支座，预应力筋沿着板长跨方向，但不伸入梁中，板受力钢筋沿着短方向布置。如图 4-94 所示。

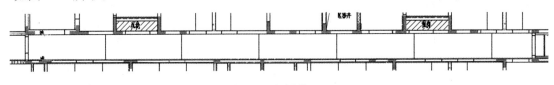

图 4-94　板拆分（2）

（3）当短边尺寸$\leqslant2400\text{mm}$，长边尺寸$\leqslant4800\text{mm}$ 时，此时可以布置一块单独的单向预应力板，但板四周都是梁时，可以以长边为支座，让力流的传递途径短，这样比较节省，如图 4-95 所示。当四周支座有剪力墙与梁时，应该让支座尽量为剪力墙，这样传力直接，能增加结构的安全性，如图 4-96 所示。

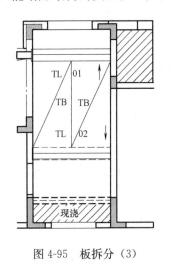

图 4-95　板拆分（3）

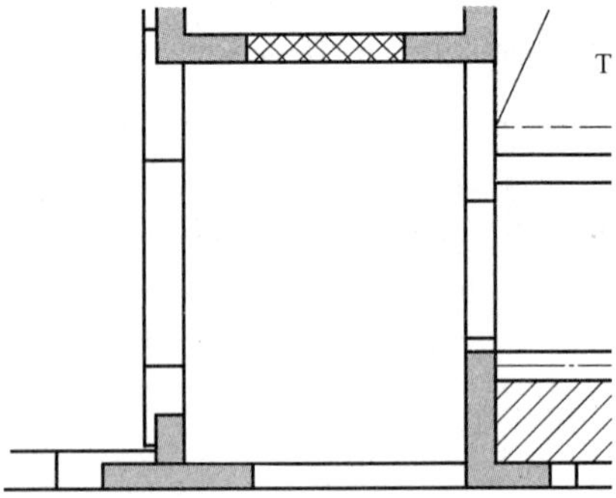

图 4-96　板拆分（4）

（4）拆分板时，尽量避免隔墙在板拼装缝处。

在实际工程中，当允许板厚（预制＋现浇）可以做到 $160\sim180\text{mm}$ 时，在板宽$\leqslant2400\text{mm}$ 时，板的最大跨度可以做到 7.0m 左右（板连续），此处拆板原则会与以上原则有很大的不同,一般可以以"短边"为支座,能减小拆分板的个数,减小生产、运输及装配时的成本。不同的产业化公司有不同的拆板原则,某产业化公司拆板时,以2400mm与1100mm宽的单向预应力叠合板为模数,外加宽度为2000mm左右1~2种机动板宽,板侧铰缝连接板规格可为200mm或300mm,尽量密拼,总板厚为130~180mm,最大跨度不超过7.2m(板连续时),则拆板原则又和以上拆板原则有很大不同,一般以短边为支座,最好的办法是建筑户型尺寸应进行模块化设计,尽量与拆板原则一致,方便拆板、生产及装配。

3. 楼板 LB04 详图

(1) 楼板 LB04 构件信息

楼板 LB04 平面图如图 4-97 所示。

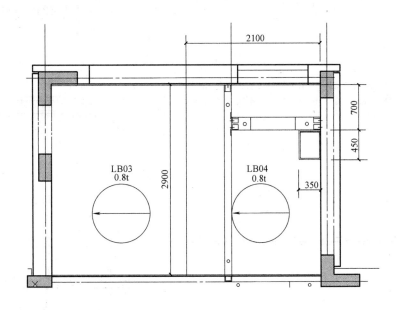

图 4-97　楼板 LB04 平面图

(2) 楼板 LB04 详图

楼板 LB04 详图如图 4-98 所示。

(3) 楼板 LB04 配筋图

楼板 LB04 配筋如图 4-99、图 4-100 所示。

钢丝保护层厚度取值　　　　表 4-3

预制板厚度(mm)	保护层厚度(mm)
50	17.5
60	17.5
≥70	20.5

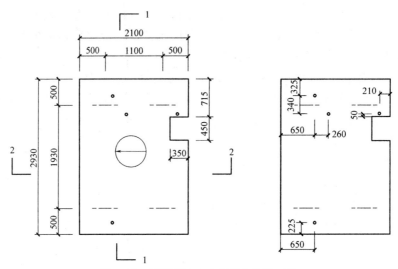

图 4-98　楼板 LB04 工艺深化设计（1）

注：1. LB04 短边长 2100mm，长边＝2900＋15（每边搁置 15mm）×2＝2930mm；
　　2. 底板长边 L_1≤6.5m 时采用 4 个吊钩。吊钩设置位置：对于 2400mm 宽度的板，吊环中心点在短边方向距板边可取 500mm；对于 1200mm 宽度的板，吊环中心点在短边方向距板边可取 250mm；对于 600mm 宽度的板，吊环中心点在短边方向距板边可取 200mm；对于任何板宽（≤2400mm），吊环中心点在长边方向距板边可取 $0.2L_1$，且≤1200mm；
　　3. 在实际设计中，当板宽≥2000m 时，吊环中心点在短边方向距板边可取 500mm 或按以上原则进行插值法取值；本工程长边 2930mm，2930×0.2＝586mm，取 500mm、550mm、600mm 均可；
　　4. 为了防止起吊时板开裂，吊环距离洞边一般应≥200mm。

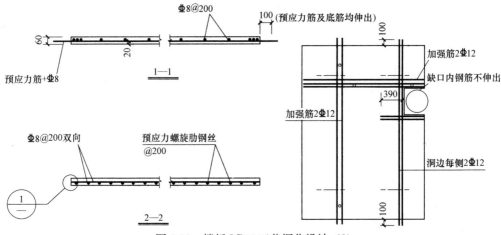

图 4-99　楼板 LB04 工艺深化设计（2）

注：1.《预制预应力混凝土装配整体式框架结构技术规程》JGJ 224—2010 第 5.1.4 条：预制板端部预应力筋外露长度不宜小于 150mm，搁置长度不宜小于 15mm。
　　楼板 LB04 是底部普通纵筋与预应力共同受力，伸出板边的长度根据相关图集，应≥5d 且伸过墙中心线，所以取 100。
　　2.《预制预应力混凝土装配整体式框架结构技术规程》JGJ 224—2010 第 3.3.3 条：预制板厚度不应小于 50mm，且不应大于楼板总厚度的 1/2。预制板的宽度不宜大于 2500mm，且不宜小于 600mm。预应力筋宜采用直径 4.8mm 或 5mm 的高强螺旋肋钢丝。钢丝的混凝土保护层厚度不应小于表 4-3。楼板 LB04 保护层厚度取 20mm。
　　3. 100mm 厚内隔墙下一般应配置 2φ12，200mm 厚内隔墙下一般应配置 3φ12，以解决墙下应力集中的问题，加强纵筋间距可取 50mm，可与板底受力钢筋一样，伸出板边 100mm；洞口边应添加加强筋，可配置 2φ12，伸入板的长度可取 l_{abE}＝32d＝384mm，取 390mm。

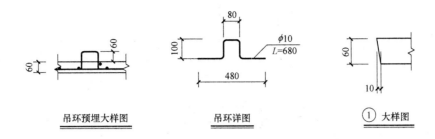

吊环预埋大样图　　　　吊环详图　　　　① 大样图

图 4-100　楼板 LB04 工艺深化设计（3）

（一般拷贝大样，然后根据预制板厚度，修改板厚即可，其他不用修改）

（4）LB04 工艺图技术说明、图例说明

LB04 工艺图技术说明、图例说明如图 4-101 所示。

1. 预制楼板混凝土强度为 C35；
2. 预制楼板结合面（上表面）不小于 4mm 粗糙度；
3. 无特殊注明出，所有钢筋端面、最外侧钢筋边缘距板边界 20mm；
4. 钢筋伸出长度标注为对称标注，左右伸出长度一样，特殊说明除外。
5. 五特殊注明处，楼板详图中烟道、排气孔与预埋洞口等加强钢筋均为 Φ12；
6. 预应力筋采用 4.8mm 螺旋肋钢丝，抗拉强度标准值为 1570MPa，抗拉强度设计值为 1110MPa；预应力筋的布置间距取同方向底部钢筋间距；
7. 预应力筋张拉力控制应力系数取 0.55，张拉控制应力为 860MPa，单根张拉力为 15kN；
8. 预应力筋的保护层厚度为 20mm；且伸出长度同低筋；
9. 所有构件出厂前需按视图方向标注正反面；
10. 当平面中布置马镫形状抗剪构造钢筋时，X 方向及 Y 方向间距均为 400mm，若与其他钢筋或孔洞干涉，可适当调整；
11. 吊环若与其他干涉时可根据重心适当调整。吊环需放置在网片之下；
12. 如未特殊说明，钢筋标注尺寸均为钢筋外缘标注尺寸；
13. 图例说明：吊环：⊏⊐　马镫筋：—　插筋孔：。直径 50mm

图 4-101　LB04 工艺图技术说明、图例说明

4. 卫生间板 WB01 详图

（1）卫生间板 WB01 详图

卫生间板 WB01 详图如图 4-102 所示。

（2）卫生间板 WB01 配筋图

卫生间板 WB01 配筋如图 4-103、图 4-104 所示。

（3）WB01 工艺图技术说明、图例说明

WB01 工艺图技术说明、图例说明如图 5-105 所示。

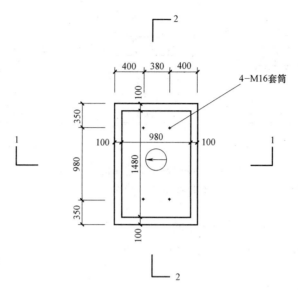

图 4-102　卫生间板 WB01 工艺深化设计（1）

注：1. 起吊一般布置吊钉，但布置吊钉时，卫生间板太薄（一般 100mm），吊钉为外露，影响后续使用，故改用 M16 的套筒起吊；

2. 套筒定位时，距板边的距离一般最小 200～300mm，取 300～500mm 居多。

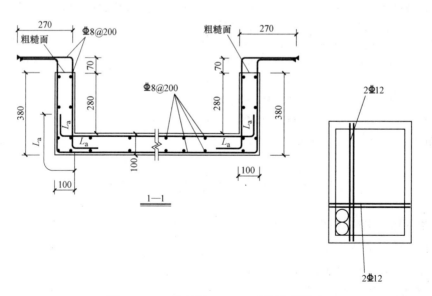

图 4-103　卫生间板 WB01 工艺深化设计（2）

注：一般拷贝大样，然后修改板厚、板沉降高度等。锚固长度 270mm 可以按受拉锚固长度取：$32d = 256$，取 270mm；

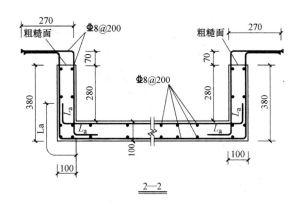

图 4-104　卫生间板 WB01 工艺深化设计（3）

注：一般拷贝大样，然后修改板厚，板沉降高度等。锚固长度 270mm 可以按受拉锚固长度取：32d＝256，
取 270mm。

1. 预制 U 形板结合面上做不小于 4mm 粗糙面；
2. 钢筋均采用 HRB400 钢筋，混凝土强度等级为 C35；
3. 如无特殊注明处，所有钢筋端面，最外侧钢筋外缘距梁边界 20mm，钢筋的标注尺寸均为钢筋外缘的标注
   尺寸；
4. 所有构件出厂前需按视图方向注明正反面。

图 4-105　WB01 工艺图技术说明、图例说明

4.8　楼梯工艺深化设计原则

（1）在 tssd 中板式楼梯计算中，输入荷载，板厚按 1/25 取，踏步高度与宽度按实际
尺寸输入，选取合适的配筋后，绘图。也可以拷贝楼梯结构施工图或者建筑施工图中的轮
廓进行修改，如图 4-106 所示。

（2）将图 4-106 复制一个在 CAD 或者天正旁边，再删除纵筋、分布筋及尺寸等，如
图 4-107 所示。

（3）删除剖断符合，平台板底板线等，图 4-108 中线性标注 260mm 长度根据建筑确
定，标注 190mm 的长度应大于等于 170mm（200-30 的缝长度），并且 260＋190 之和最好
为 50mm 的模数。梯梁高度一般取 400mm，梯段板支座处板厚一般取 200mm，根据以上
数据，再把梯段板底线延伸，测量梯段板底边线终点与梯段板支座处外边线的距离为
167mm，由于此值应大于等于 170mm，故应拉伸 190mm 部分，拉伸长度为 50mm（以
50mm 为模数拉伸）。如图 4-108 所示。裁剪修改后，再把底部支座按上述原则修改，如
图 4-109 所示。

（4）绘制梯段板平面图（参照建筑图）

先用矩形命令，根据梯段板的长与宽（宽度要注意减去一个 20mm 的缝），绘制一个
矩形。再用偏移与阵列命令完成剩下的线段的绘制，如图 4-110 所示。

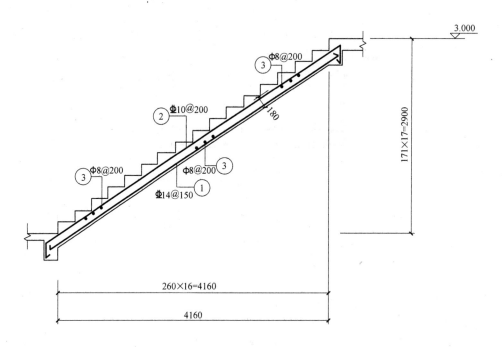

图 4-106　楼梯工艺深化设计（1）

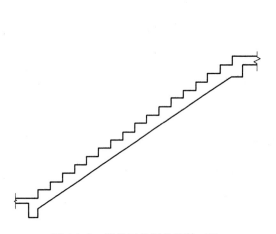

图 4-107　楼梯工艺深化设计（2）

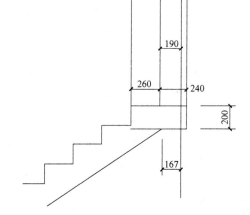

图 4-108　楼梯工艺深化设计（3）

注：不同的企业做法不一样，有的企业认为可以
从梯段板上边缘伸出 400mm 即可（本工程取
值为 500mm），留出 30mm 的缝，一般可包络
所有情况。

（5）绘制并添加梯段板上楼梯面吊钉（一般 4 个即可）

梯段板的宽度为一般不宽，比如 1200 ～ 1600mm，则满足 $b_1 = 350mm$ 即可
（图 4-111）。

梯段板总长度/4.83＝L_1，L_1 的位置根据计算结果要移动要踏步的中间位置（左边的向右
移动右边的向左移动）。按照以上原则，绘制楼梯面吊钉的定位位置，如图 4-112 所示。

把梯段板平面吊钩的位置向上延伸，拷贝梯段板吊钩的平面图、剖面图，复制到指定位置，如图 4-113 所示。

（6）添加梯段板梯侧吊钉

通过验算起吊时（考虑动荷载，动力系数取 1.5）梯侧吊顶的荷载，若单个吊钉超过 25kN，则需增设侧面吊钉 2 个（一般至少 2 个）。

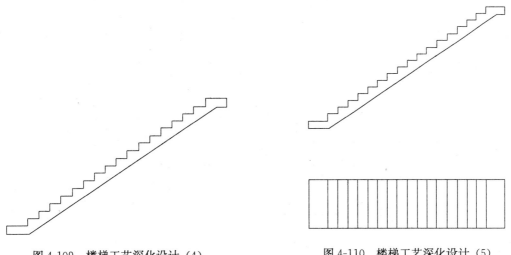

图 4-109　楼梯工艺深化设计（4）　　　　图 4-110　楼梯工艺深化设计（5）

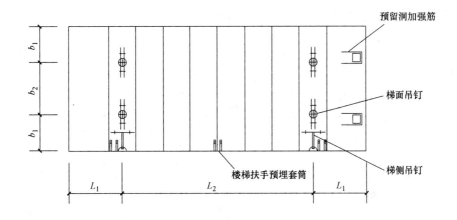

双跑梯预埋件位置平面图

图 4-111　楼梯工艺深化设计（6）

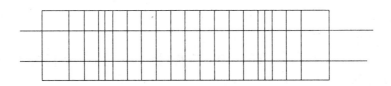

图 4-112　楼梯工艺深化设计（7）

把梯段板剖面图用 pe 或 bo 命令，变成封闭线段，再输入命令 area/o，即可查看面

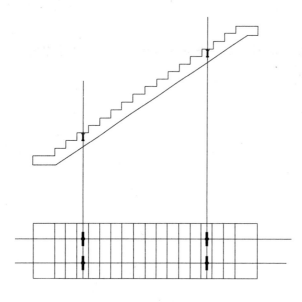

图 4-113 楼梯工艺深化设计（8）

积，本例中面积约为 1.48m²，再乘以梯段板宽度 1.23m，再乘以重度 25，乘以动力系数 1.5，即可得到梯段板的重量：69kN（需要注意的是，梯段板梯侧吊钉要么两个，要么 4 个，应成对出现）。

如果只需要两个梯段板梯侧吊钉，则梯段板总长度/4.83＝L11，L11 的位置根据计算结果要移动要踏步的中间位置（左边的向右移动，右边的向左移动）。

如果需要 4 个梯段板梯侧吊钉，则梯段板总长度/9.07＝L11，L11 的位置根据计算结果要移动要踏步的中间位置（左边的向右移动，右边的向左移动），L22＝2.83×L11，L22 的位置根据计算结果（最边上的直线偏移 3.83×L11 的距离）要移动要踏步的中间位置（左边的向右移动，右边的向左移动），按照以上原则，绘制梯段板梯侧吊钉的定位位置，再把梯段板梯侧吊钉剖面图（块）复制到定点位置，如图 4-114 所示。

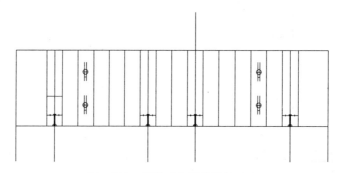

图 4-114 楼梯工艺深化设计（9）

再引线到梯段板剖面图中，梯段板厚度假如 180mm，则把梯段板剖面图中的底板线向上偏移 90mm，把段板梯侧吊钉平面图（块）复制到定点位置，如图 4-115 所示。

（7）绘制梯段板支座处 80mm×80mm 的插筋预留洞口，洞口中心线距离梯段板长边的距离为 100mm，短边为 250mm，洞口边还有预留洞口加强筋。将洞口中心线引上去，绘制梯段板剖面图中的预留口。如图 4-116 所示。

（8）标注尺寸

标注踏步尺寸、板厚尺寸、支座尺寸，在梯段板梯侧吊钉、梯段板梯面吊钉位置定位，添加文字说明，如图 4-117 所示。

（9）绘制钢筋及钢筋大样；从图 4-11 中复制图 4-118 中画圈中的线段，并将其修改为封闭线段，自己手动绘制封闭箍筋及纵筋，然后定点复制到梯段板剖面图中。如图 4-118 所示。

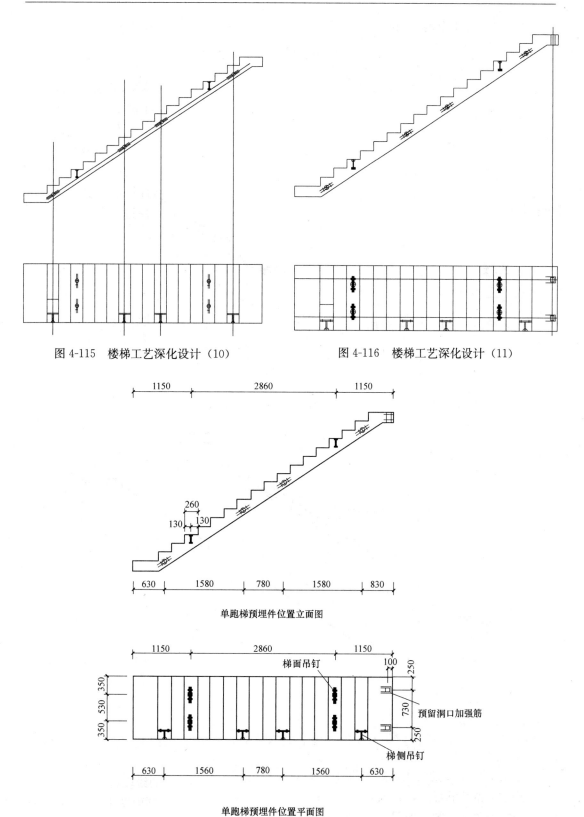

图 4-115 楼梯工艺深化设计 (10)   图 4-116 楼梯工艺深化设计 (11)

单跑梯预埋件位置立面图

单跑梯预埋件位置平面图

图 4-117 楼梯工艺深化设计 (12)

在图 4-118 中上绘图面筋、纵筋及分布筋，然后放样，如图 4-119 所示。

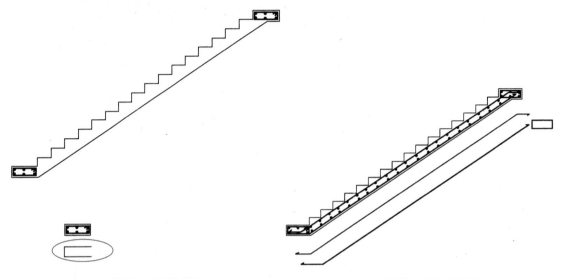

图 4-118　楼梯工艺深化设计（13）　　　　　图 4-119　楼梯工艺深化设计（14）

标注配筋大小，截面尺寸及定位尺寸等，如图 4-120 所示。

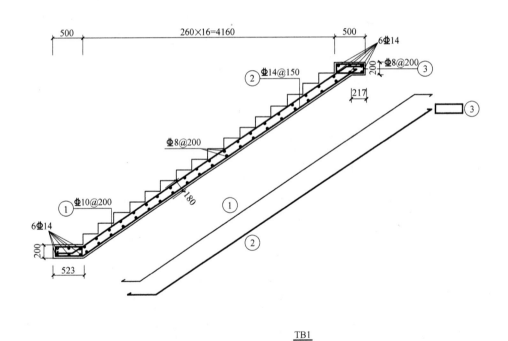

TB1

图 4-120　楼梯工艺深化设计（15）

绘制 1-1、2-2 剖面图，如图 4-121 所示。

绘制预留孔洞详图，如图 4-122 所示。

绘制吊顶尺寸图，如图 4-123 所示。

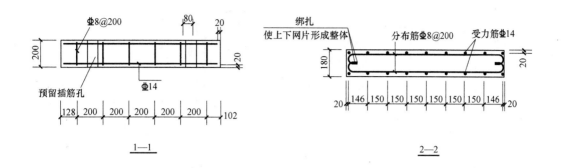

图 4-121　楼梯工艺深化设计（16）

注：一些尺寸应该根据实际情况，做适当的调整。

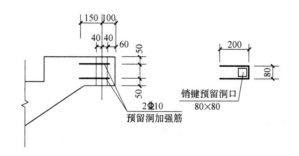

图 4-122　预留孔洞详图

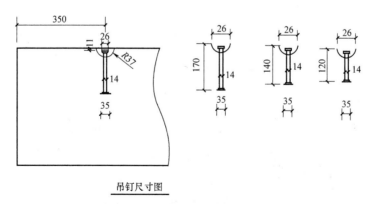

吊钉尺寸图

说明：

1.混凝土强度达到15MPa时，承载力2.5t选用以上三种规格。

2.吊钉的长度选取原则：吊钉的长度宜从踏步面至超过楼梯板面受力筋。

图 4-123　吊钉尺寸图

绘制吊钉附加筋图，如图 4-124 所示。

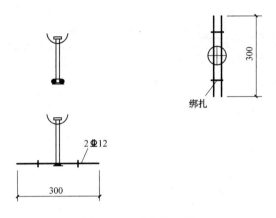

图 4-124 吊钉附加筋

绘制梯梁钢筋，如图 4-125、图 4-126 所示。

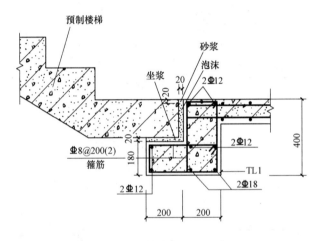

图 4-125 梯梁钢筋图（1）

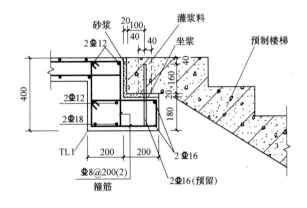

图 4-126 梯梁钢筋图（2）

4.9 阳台节点做法与工艺深化设计原则

4.9.1 阳台与外隔墙连接节点

（1）阳台与外隔墙连接节点如图 4-127 所示。

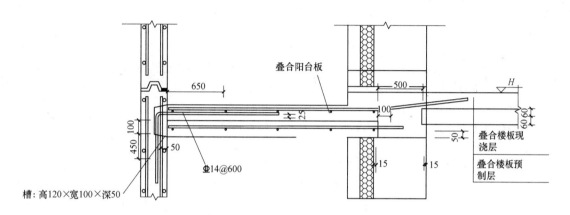

图 4-127 台与外隔墙连接节点

（2）阳台连接如图 4-128 所示。

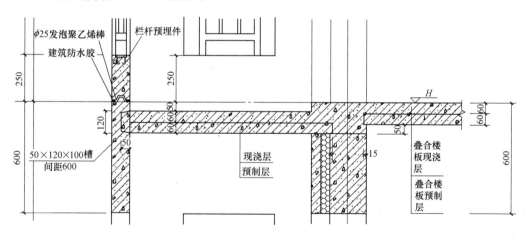

图 4-128 阳台连接

4.9.2 阳台工艺深化设计原则

1. 阳台 YTB02 详图

（1）阳台 YTB02 构件信息

阳台 YTB02 平面如图 4-129 所示。

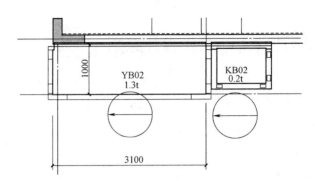

图 4-129　阳台 YTB02 平面

注：3100mm 为阳台的长度；1000mm 从梁边线算起阳台板的宽度，由于阳台板要搁置在叠合梁上 15mm，所以
　　阳台 YTB02 的实际宽度为 1015mm。

（2）阳台 YTB02 详图

阳台 YTB02 详图如图 4-130 所示。

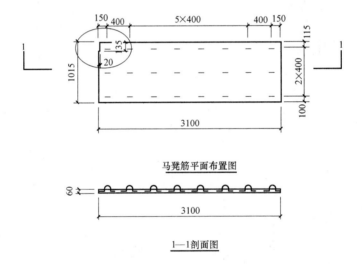

马凳筋平面布置图

1—1剖面图

图 4-130　阳台 YTB02 工艺深化设计（1）

注：1.《装配式混凝土结构技术规程》JGJ 1—2014 第 6.6.8 条：当未设置桁架钢筋时，在下列情况下，叠合板
　　的预制板与现浇混凝土叠合层之间应设置抗剪构造钢筋：
　　（1）单向叠合板跨度大于 4.0m 时，距支座 1/4 跨范围内；
　　（2）双向叠合板短向跨度大于 4.0m 时，距四边支座 1/4 短跨范围内；
　　（3）悬挑叠合板；
　　（4）悬挑板的上部纵向受力钢筋在相邻叠合板的后浇混凝土锚固范围内；
　　《装配式混凝土结构技术规程》JGJ 1—2014 第 6.6.9 条：叠合板的预制板与后浇混凝土叠合层之间设置的
　　抗剪构造钢筋应符合下列规定：
　　（1）抗剪构造钢筋宜采用马镫形状，间距不宜大于 400mm，钢筋直径 d 不应小于 6mm；
　　（2）马镫钢筋伸到叠合板上、下部纵向钢筋处，预埋在预制板内的总长度不应小于 15d，水平段长度不应小
　　于 50mm。
　　2. 马镫钢筋距离板边的距离可为 100～200mm。
　　3. 左端开了一个 135×20×60 的缺口是因为阳台周边外墙："外叶板＋保温层"（共 100mm 厚）之间应留有
　　20mm 的施工缝，如图 4-131 所示。

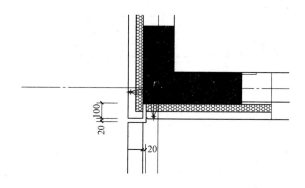

图 4-131　外墙"外叶板＋保温层"连接

（3）YTB02 配筋图

YTB02 配筋如图 4-132 所示。

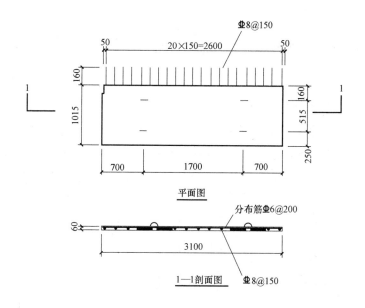

图 4-132　阳台 YTB02 工艺深化设计（2）

注：1. YTB02 由于悬挑长度不大（≤1.5m），在布置马镫钢筋后，叠合＋现浇的叠合板与现浇阳台差别不大，
　　 加上在混凝土强度达到要求后，才拆模，所以底部分布筋没必要配很大。

　　2. 8@150 的底筋伸入梁内的锚固长度可按 15d 取，即 120mm，在实际设计中，可以取 200（梁宽）-40
　　（保护层＋箍筋直径＋构造腰筋直径）＝160mm。

（4）YTB02 工艺图技术说明、图例说明

YTB02 工艺图技术说明、图例说明如图 4-133 所示。

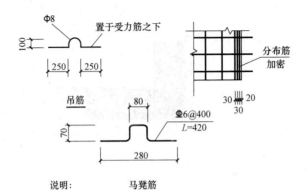

说明：

1. 预制阳台板结合面（上表面）不小于4mm粗糙度；
2. 在板端100mm范围内设3道加密横向均布的分布钢筋，分布钢筋在受力钢筋上绑扎牢或预先点焊成网片再安装；
3. 板边第一根受力钢筋距边小于50mm,中间的均布分布。

图 4-133　YTB02 工艺图技术说明、图例说明

4.10　空调板节点做法与工艺深化设计原则

4.10.1　空调板节点做法

（1）空调板与（带梁）外隔墙连接

空调板与（带梁）外隔墙连接如图 4-134 所示。

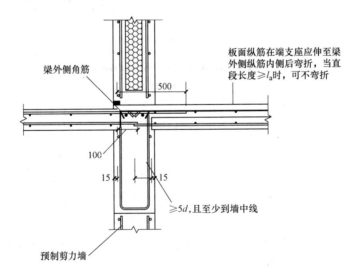

图 4-134　空调板与（带梁）外隔墙连接

（2）预制空调板连接

预制空调板连接如图 4-135 所示。

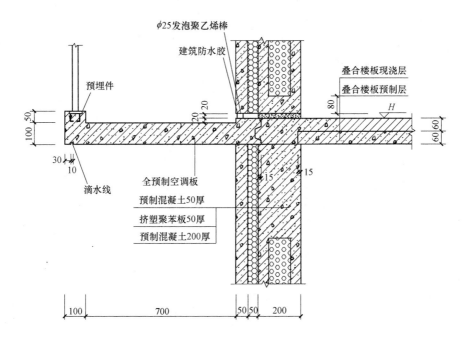

图 4-135　预制空调板连接

4.10.2　空调板工艺深化设计原则

（1）KB02 构件信息

KB02 平面如图 4-136 所示。

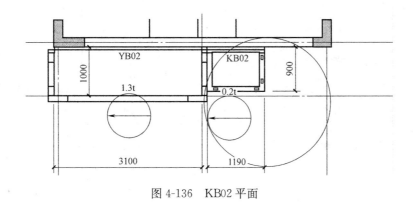

图 4-136　KB02 平面

（2）空调板 KB02 详图

空调板 KB02 详图如图 4-137 所示。

（3）空调板 KB02 配筋图

空调板 KB02 配筋如图 4-138 所示。

（4）空调板 KB02 工艺图技术图例说明

空调板 KB02 工艺图技术说明、图例说明如图 4-139 所示。

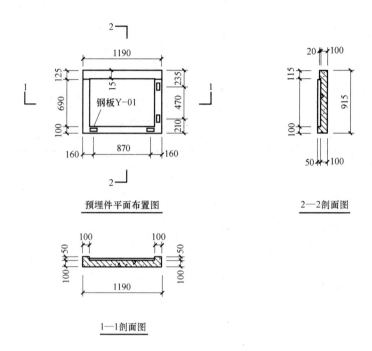

图 4-137　空调板 KB02 工艺深化设计（1）

注：剖面图应与建筑节点一一对应。

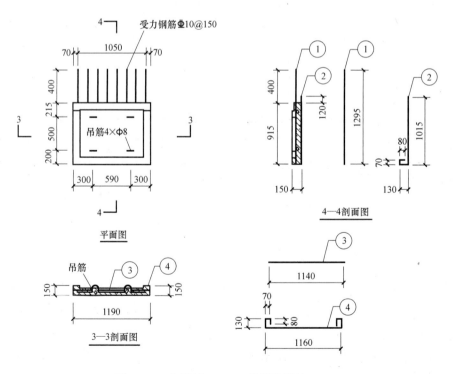

图 4-138　空调板 KB02 工艺深化设计（2）

注：受力筋锚固长度可取 1.1l_{aE} 取；底部分布筋可按 15d 取；最后对长度进行归并。

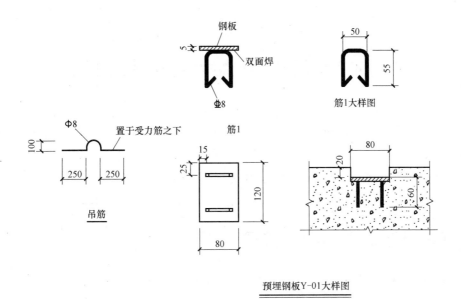

预埋钢板Y-01大样图

图 4-139　空调板 KB02 工艺图技术说明、图例说明

5 装配式剪力墙结构施工

装配整体式剪力墙结构施工时，不同的预制构件要准确地吊装到正确的位置，往往是采用定位方法。例如：柱、墙、梁定位线、就位设备、金属垫块、经纬仪、可调顶托木方、支撑等，准确控制好不同竖向构件和水平构件的 X-Y 平面位置，Z 标高、垂直度等。

5.1 装配整体式剪力墙结构施工流程

装配整体式剪力墙结构施工流程：弹墙体控制线→预制剪力墙吊装就位→预制剪力墙斜撑固定→预制墙体注浆→预制外填充墙吊装→竖向节点构件钢筋绑扎→预制内填充墙吊装→支设竖向节点构件模板→预制梁吊装→预制楼板吊装→预制阳台吊装、固定、校正、连接→后浇筑楼板及竖向节点构件→预制楼梯吊装。

5.2 装配整体式剪力墙结构施工前应注意事项

（1）预制构件吊装位置的混凝土层应提前清理干净，不能存在颗粒状物质，以免影响预制构件节点的连接性能。

（2）吊装前需要对楼层混凝土浇筑前埋设的预埋件进行位置数量的确认，避免因不能及时找到预埋件而影响支撑及时性，从而影响整个吊装进度和工期。

（3）构件吊装前，应根据事先高层测量的结果，必要时需要设置楼面预制构件高程控制垫片，以控制预制构件的底标高。

（4）楼面预制构件外侧边缘预先粘贴止水泡棉条，用于封堵水平缝外侧，为后续灌浆施工作业准备。

5.3 预制梁施工技术要点

1. 预制梁吊装施工流程

预制梁吊装施工流程为：预制梁进场、验收→按图放线（梁搁柱头边线）→设置梁底支撑→拉设安全绳→预制梁起吊→预制梁就位安放→微调孔位→摘钩。

2. 施工技术要点

（1）测出柱顶或者墙顶与梁底标高误差，在柱上弹出梁边控制线。

（2）在构件上标明每个构件所属的吊装顺序和编号，便于吊装工人辨认。

（3）梁底支撑采用立杆支撑＋可调顶托 100mm×100mm 木方，预制梁的标高通过支撑体系的顶丝来调节。

（4）梁起吊时，用吊索钩住扁担梁的吊环，吊索应有足够的长度以保证吊索和扁担梁之间的角度不小于 60°。

（5）当梁初步就位后，借助柱头或者墙头上的梁定位线将梁精确校正，在调平的同时将下部可调支撑上紧，方可松去吊钩。

（6）主梁吊装结束完成后，根据柱上或者墙上放出的梁边和梁端控制线，检查主梁上的次梁缺口位置是否正确，如不正确，需做相应处理后方可吊装次梁，梁在吊装过程中要按柱对称吊装。

（7）按照规范要求对预制梁板柱墙接头连接进行处理。

图 5-1　叠合梁安装

5.4　预制剪力墙施工要点

1. 预制剪力墙吊装施工流程

预制剪力墙吊装施工流程为：预制剪力墙进场、验收→按图放线→安装吊具→预制剪力墙扶正→预制剪力墙吊装→预留钢筋插入就位→水平调整、竖向校对→斜支撑固定→摘钩。

2. 施工技术要点

（1）承重墙板吊装准备：由于吊装作业需要连续进行，所以吊装前的准备工作非常重要，首先在吊装就位之前将所有的柱、墙的位置在地面弹好墨线，根据后置埋件布置图，采用后钻孔法安装预制构件定位卡具，并进行复核检查；同时对起重设备进行安全检查，并在空载状态下对吊装角度、负载能力、吊绳等进行检查，对吊装困难的部件进行空载实际演练，将导链、斜撑杆、膨胀螺栓、扳手、2m 靠尺、开孔电钻等工具准备齐全，操作人员对操作工具进行清点。检查预制构件预留灌浆套筒是否有缺陷、杂物和油污，保证灌浆套筒完好；提前架好经纬仪、激光水准仪并调平。填写施工准备情况登记表，负责人签字后方可吊装。

（2）起吊预制墙板，吊装时采用带导链的扁担式吊装设备，加设缆风绳。

（3）顺着吊装前所弹墨线缓缓下放墙板，吊装经过的区域下方设置警戒区，施工人员应撤离，由信号工指挥，就位时待构件下降至作业面 1m 左右高度时施工人员方可靠近操作，以保证操作人员的安全。墙板下放好垫块，垫块保证墙板底标高的正确。也可以提前在预制墙板上安装定位角码，顺着定位角码的位置安放墙板。

（4）墙板底部局部套筒若未对准时可使用倒链将墙板手动微调，重新对孔。底部没有灌浆套筒的外填充墙板直接顺着角码缓缓下放墙板。垫板造成的空隙可用坐浆方式填补。为防止坐浆料填充到外叶板之间，在苯板处补充 50mm×20mm 的保温板或橡胶止水条堵塞缝隙。

（5）垂直坐落在准确的位置后使用激光水准仪复核水平方向是否有偏差，无误差后，利用预制墙板上的预埋螺栓和地面后置膨胀螺栓安装斜支撑杆，用检测尺检测预制墙体垂直度及复测墙顶标高后，利用斜撑杆调节好墙体的垂直度，方可松开吊钩。在调节斜撑杆时必须两名工人同时间、同方向进行操作。

（6）斜撑杆调节完毕后，再次校核墙体的水平位置和标高、垂直度，相邻墙体的平整度。

（7）预制剪力墙钢筋竖向接头连接采用套筒灌浆连接，应满足规范的要求。

图 5-2　外墙板安装

图 5-3　墙板连接件安装

图 5-4　剪力墙模板安装

5.5 预制楼（屋）面板施工技术要点

1. 预制楼（屋）面板施工流程

预制楼（屋）面板施工流程为：预制板进场、验收→放线（板搁梁边线）→搭设底板支撑→预制板吊装→预制板就位→预制板微调定位→摘钩。

2. 预制楼（屋）面板施工技术要点

（1）预制叠合板吊装时应控制水平标高，可采用找平软坐浆或粘贴软性垫片进行吊装。

（2）预制叠合板吊装时，应按设计图纸要求预埋水电等管线。

（3）预制叠合板起吊时，吊点不应少于 4 个。

（4）预制叠合板吊装时需要使用专门的平衡工具吊到相应的位置；预制叠合楼板吊装应事先设置临时支撑，并应控制相邻板缝的平整度。施工集中荷载或受力较大部位应避开拼接位置；外伸预留钢筋伸入支座时，预留筋不得弯折；相邻叠合楼板间拼缝可采用干硬性防水砂浆塞缝，大于 30mm 的拼缝，应采用防水细石混凝土填实；应在后浇混凝土强度达到设计要求后，方可拆除支撑。

（5）在每条吊装完成的梁或墙上测量并弹出相应预制板四周控制线，并在构件上标明每个构件所属的吊装顺序和编号，便于吊装工人确认。

（6）确保支撑系统的间距及距离墙、柱、梁边的净距复合系统验算要求，上下层支撑应在同一直线上。板下支撑间距不大于 3.3m；当支撑间距大于 3.3m 且板面施工荷载较大时，跨中需要在预制板中间加设支撑。

图 5-5 叠合楼板安装

（7）在可调节顶撑上架设木方，调节木方顶面至板底设计标高，开始吊装预制楼板。预制带肋底板的吊点位置应合理设置，起吊就位应垂直平稳，两点起吊或多点起吊时吊索与板水平面所成夹角不宜小于 $60°$，不应小于 $45°$。

（8）吊装应按顺序连续进行，板吊至柱上方 3～6cm 后，调整板位置使锚固筋与梁箍筋错开便于就位，板边线基本与控制线吻合。将预制楼板坐落在木方顶面，及时检查板底与预制叠合梁的拼缝是否到位，预制楼板钢筋入墙长度是否符合要求。安装预制带肋底板时，其搁置长度应满足设计要求。

（9）当一跨板吊装结束后，要根据板四周边线及板柱上弹出的标高控制线对板标高及位置进行精确调整，误差一般控制在 2mm 以内。

5.6 预制楼梯施工技术要点

1. 预制楼梯安装施工流程

预制楼梯安装施工流程为：预制楼梯进场、验收→放线→预制楼梯吊装→预制楼梯安装就位→预制楼梯微调定位→吊具拆除。

2. 预制楼梯施工技术要点

（1）楼梯间周边梁板叠合后，测量并弹出相应楼梯构件端部和侧边的控制线。

（2）调整索具铁链长度，使楼梯段休息平台处于水平位置，试吊预制楼梯板，检查吊点位置是否准确，吊索受力是否均匀等；试吊高度不应超过 1m。

（3）楼梯吊至梁上方 30～50cm 后，调整楼梯位置使上下平台锚固筋与梁箍筋错开，板边线基本与控制线吻合。

（4）根据已放出的楼梯控制线，用就位协助设备等将构件根据控制线精确就位，先保证楼梯两侧准确就位，再使用水平尺和倒链调节楼梯水平。

（5）调整支撑板就位后调节支撑立杆，确保所有立杆全部受力。

图 5-6　预制楼梯安装

5.7 预制阳台、空调板施工技术要点

1. 预制阳台、空调板安装施工流程

预制阳台、空调板安装施工流程为：预制构件进场、验收→放线→预制构件吊具吊装→预制构件吊装→预制构件安装就位→微调定位→摘钩。

2. 预制阳台、空调板施工技术要点

（1）每块预制构件吊装前测量并弹出相应周边（隔板、梁、柱）控制线。

（2）板底支撑采用钢管脚手架＋可调顶托＋100mm×100mm 木方，板吊装前应检查是否有可调支撑高出设计标高，校对预制梁及隔板之间的尺寸是否有偏差，并做相应调整。

（3）预制构件吊至设计位置上方3～6cm后，调整位置使锚固筋与已完成结构预留筋错开便于就位，构件边线基本与控制线吻合。

（4）当一跨板吊装结束后，要根据板周边线、隔板上弹出的标高控制线对板标高及位置进行精确调整，误差一般控制在2mm以内。

5.8 预制内隔墙施工要点

1. 预制内隔墙安装施工流程

预制内隔墙安装施工流程为：预制内隔墙板进场、验收→放线→安装固定件→安装预制内隔墙板→灌浆→粘贴网格布→勾缝→安装完毕。

2. 预制内隔墙施工要点

（1）按照图纸在现场弹出轴线，并按排版设计标明每块板的位置，放线后需经过技术人员校核确认。

（2）预制构件应安好施工方案吊装顺序预先编号，严格按照编号顺序起吊；吊装应采用慢起、稳升、缓放的操作方式，应系好缆风绳控制构件转动；在吊装过程中，应保持稳定，不得偏斜、摇摆和扭转。

吊装前在地板上测量、放线，也可提前在墙板上安装定位角码，将安装位置洒水淋湿，地面上、墙板下放好垫块，垫块保证墙板底标高的正确。垫板造成的空隙可用坐浆填补，坐浆的具体技术要求同外墙板的坐浆。

起吊内墙板、沿着所弹墨线缓缓下放，直至坐浆密实，复测墙板水平位置是否有偏差，确定无偏差后，利用预制墙板上的预埋螺栓和地面后置膨胀螺栓安装斜支撑杆，复测墙板顶标高后方可松开吊钩。利用斜支撑杆调节墙板垂直度，必须两名工人同时间、同方向，分别调节两根斜撑杆；刮平并补齐底部缝隙的坐浆。复核墙体的水平位置和标高、垂直度以及相邻墙体的平整度。

（3）内填充墙底部坐浆的强度等级不应小于被连接构件的强度，坐浆层的厚度不应大于20mm，底部坐浆强度检验以每层为一个检验批，每工作班组应制作一组且每层不应少于3组边长为70.7mm的立方体。预制构件吊装到位后，应立即进行墙体的临时支撑工作，每个预制构件的临时支撑不宜少于2道，其支撑点距离板底的距离不宜小于构件高度的2/3，且不应小于构件高度的1/2，安装好斜支撑后，通过微调临

图5-7　内墙板安装

时斜支撑使预制构件的位置和垂直度满足规范要求，最后拆除吊钩，进行下一块墙板的吊装工作。

5.9　后浇混凝土

当除了楼梯外的预制构件吊装完成后，还应进行以下操作：竖向节点构件钢筋绑扎→在绑扎节点钢筋前先将相邻外墙板件的竖缝封闭→支设竖向节点构件模板→叠合梁板上部钢筋安装→浇筑楼板上部及竖向节点构件混凝土。

图 5-8　后浇混凝土

5.10　装配式剪力墙施工进度实例

某工程项目根据建设单位及施工单位提供的现场八天拼装两栋楼一层的施工进度，编制该项目模具进场计划及预制构件生产进度，该项目预计施工总工期 210d，其中前期策划阶段包括图纸审核及交底、模具设计及制作和原材料采购共需要 50d 时间，预制构件从样板生产，到批量生产直至竣工需要 160d。（见表 5-1）

生产进度表　　　　　表 5-1

序号	项目	3 月		4 月			5 月			6 月			7 月			8 月			9 月			10 月			11 月	
		20	31	10	20	30	10	20	31	10	20	30	10	20	31	10	20	31	10	20	30	10	20	31	10	20
1	图纸审核及交底	10																								
2	模具设计及加工			40																						
3	原材料采购				30					30						30										
4	样板预制构件生产						10																			
5	5-26 层预制构件生产															160										
6	5-26 层预制构件发货															160										

5.11 装配式剪力墙结构中的施工协调

《装配式混凝土结构技术规程》JGJ 1—2014（以下简称规程 JGJ 1）第 3.0.1 条规定："在装配式建筑方案设计阶段，应协调建设、设计、制作、施工各方之间的关系，并应加强建筑、结构、设备、装修等专业之间的配合。"通过装配式设计实现"各方协调"和"各专业配合"。

1. 生产线与生产工艺

预制构件的形状、预制构件的表面处理、预应力筋的张拉等与构件厂的生产线有很大的关系，例如当采用自动机械化流水线生产时，预制剪力墙宜采用一字形。因此，进行装配式结构设计前，设计方应对当地构件厂的生产线与生产工艺进行充分调研。

预制构件的重量和形状、运输设备、吊装设备以及临时支撑等的选择与预制构件的重量、形状有很大关系

因此，装配式混凝土结构拆分设计时，除考虑结构的受力外，尚需考虑运输、安装、连接等设备、设施的能力，做到安全、经济，避免不必要的浪费。

2. 各专业的充分考虑

预制构件设计时，除满足结构性能的需求外，还要充分考虑建筑、机电、装修等专业的需求，特别是对预埋件和预埋管线，避免预制构件制作后或安装后再进行构件开槽、打洞。

3. 预制板的外伸板底钢筋

预制板的外伸板底纵筋俗称"胡子筋"，无论对构件的生产制造、运输，还是安装，胡子筋的存在都是不利因素，是否可以不留设胡子筋是一个有争议的问题。在规程 JGJ 1 中也是用"宜"作为推荐性规定；在国家建筑标准设计图集《装配式混凝土结构连接节点构造（楼盖和楼梯）》15G310—1 中，则给出了预制板无外伸板底纵筋的做法，但要求采用桁架钢筋预制板，且后浇叠合层厚度大于 80mm，并附加板底连接纵筋。国外还有采用弯折钢筋的情况，以便于构件侧模的设置。对于胡子筋的作用以及不留设胡子筋的设计方法值得进一步研究。

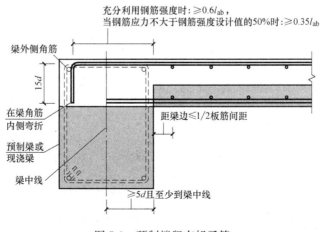

图 5-9 预制楼留有胡子筋

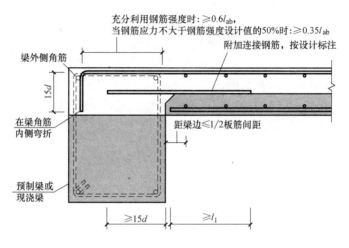

图 5-10   预制楼留有胡子筋（1）

4. 双向叠合板的拼缝设计

对于双向叠合板的整体式拼缝，设计时应考虑减小搭接长度，以降低接缝宽度，双向叠合板的拼缝宜设置在受力较小部位。目前，有留设后浇带和密拼两种方式。国家建筑标准设计图集《装配式混凝土结构连接节点构造（楼盖和楼梯）》15G310—1 给出了四种双向叠合板的拼缝做法和构造要求。对于密拼拼缝，施工较为方便，纵向钢筋采用间接搭接的方式，采用桁架钢筋预制板，且后浇叠合层厚度大于 80mm。当采用塑性方法设计双向板时，密拼拼缝的塑性铰线位置和受弯承载力值得商榷。

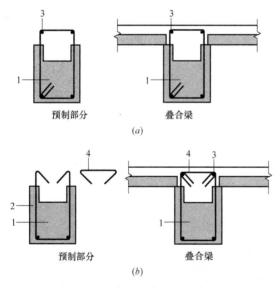

图 5-11   叠合梁箍筋构造示意图
（a）采用整体封闭箍筋的叠合梁；（b）采用组合封闭箍筋的叠合梁
1—预制梁；2—开口筋；3—上部侧向钢筋；4—箍筋帽

5. 组合封闭箍筋

组合封闭箍对施工较为方便，特别是梁面的纵向钢筋设置。组合封闭箍早已为美国规范 ACI 318 采纳，国内也进行了相关试验研究，并为规程 JGJ 1 所采纳。但是与中国标准采用两端都是 135°弯钩不同，美国标准采用的是一端 135°、另一端 90°，更便于施工。值得注意的是，国内工程设计时，由于箍筋肢距和箍筋弯钩直线段的要求，如采用多肢箍，弯钩将交叉，梁面纵筋难以放入，从而失去采用组合封闭的意义。此时，可将箍筋弯钩改为 180°或采用并箍技术加以解决。

6. 剪力墙连接

剪力墙的连接包括竖向接缝和水平接缝等，其施工质量不容乐观。规程 JGJ 1 中给出了剪力墙连接的详细规定，在此基础上，国家建筑标准设计图集《装配式混凝土结构连接节点构造（剪力墙）》15G310—2给出了剪力墙不同位置的各种连接方式及构造要求，可为设计提供参考。设计在选择连接节点时，应考虑施工的可行性，避免钢筋的碰撞，合理安排构件的吊装顺序，连接钢筋、箍筋、竖向钢筋等不得漏设。同时，重视设计图纸审查和加强施工过程控制。

规程JGJ 1第3.0.6条规定："预制构件深化设计的深度应满足建筑、结构和机电设备等专业以及构件制作、运输、安装等各环节的综合要求。"由此可见，深化设计要考虑到构件尺寸、纵向钢筋、箍筋、预埋吊件、临时支撑埋件、饰面、结合面、预留孔洞、预应力筋、保温层、预埋管线等。尤其应注意的是《混凝土结构工程施工规范》GB 50666—2011第3.1.3条规定："由施工单位完成的深化设计文件应经原设计单位确认。"

6 装配整体式剪力墙结构成本分析

6.1 工程成本构成

6.1.1 传统现浇结构成本构成

传统建设方法的土建造价构成主要由直接费（含材料费、人工费、机械费、措施费）、间接费（主要为管理费）、利润、规费和税金组成。其中直接费为施工企业主要支出的费用，直接费的变化对造价高低起主要作用，并且材料费所占比例最大；间接费和利润根据企业管理水平略有变化，规费和税金是政府非竞争性收费，费率标准执行统一标准。

6.1.2 装配式结构成本构成

装配式结构成本主要由直接费（预制构件为主的材料费、运输费、人工费、机械费、安装费、措施费）、间接费、利润、规费和税金组成。直接费中构件费用、运输费、安装费的比重最大，它们指标的高低对工程造价起到重要影响。

6.2 装配整体式剪力墙结构成本的"增"与"减"

6.2.1 装配整体式剪力墙结构成本的"增"

（1）预制构件产品和运输费用。预制构件产品费用的增加是影响增量的主要因素，通过对上海市某实施项目测算，预制外墙较现浇方式每平方米增加约70元，预制内墙增加约100元，楼梯增加约17元，楼板降低约13元等。其中构件的运输费为预制构件从生产工厂运到工地现场的费用，与运输方式和距离有很大的关系，如果运距在50km以内，预制构件的运输费用为90~140元/m^3。

（2）预制构件吊装费用，按预制率50%测算，预制构建的吊装费用约为290元/m^2左右。

（3）机械费：预制构件尺寸和重量一般比较大，传统的塔吊无法满足使用要求，而高规格的大型机械需求提高了设备的租赁成本。

（4）墙板和楼板拼缝处理及相关材料费用。

6.2.2 装配整体式剪力墙结构成本的"减"

（1）通过工程预制，大大减少了现场浇筑工程的钢筋和混凝土工程量。

（2）采用预制内外墙板，砌筑工程量的减少。

（3）由于使用预制构件，现场模板及支撑架管措施材料大量减少。

（4）预制构件工厂制作，其平整度优于现浇住宅，减少大量的装饰抹灰工作量。

6.3　不同预制率装配整体式剪力墙结构成本增加

"预制率"是装配式混凝土结构建筑单体±0.000m以上的主体结构和维护结构中，预制构件部分的混凝土用量占混凝土总用量的体积比。通过现有资料测算，当抗震等级为6～8度，预制率30%以上的装配整体式剪力墙结构中，比传统现浇的建安成本增加200～500元/m²。部分增量成本较大的项目多为规模较小的实验性工程，当规模比较大时，成本增加值一般在200～250元/m²，部分预制率较低的项目成本增加值约为150元/m²左右。本书统计了10个不同预制率的装配整体式剪力墙结构成本增加值，如表6-1所示。

部分装配整体式剪力墙结构成本增量统计　　　　　　表6-1

项目	性质	单体层数	预制率	结构形式	设防烈度	增加成本（元/m²）	项目规模
1	住宅	18	42.5	剪力墙	8	500	2栋
2	住宅	18/26	63	剪力墙	7	221.51	26栋
3	住宅	22	60	剪力墙	6	463.18	1栋
4	住宅	24	46	剪力墙	6	425.23	7栋
5	住宅	18	30	剪力墙	6	255.45	2栋
6	住宅	18	52	剪力墙	7	307.49	15栋
7	住宅	30/32/33	38	剪力墙	7	160.45	7栋
8	住宅	34	21	剪力墙	7	141.42	1栋
9	住宅	14	31	剪力墙	7	490	1栋
10	住宅	17	48	剪力墙	6	285	10栋

注：1. 对于装配整体式框架结构，当层数为3～4层，7度区，一栋时，预制率分别为30%与70%的成本增加值据统计分别增加555元/m²与460元/m²左右。

2. 当规模等其他边界条件相同时，装配整体式剪力墙结构，预制率越高（预制种类越多），一般成本增加值越大。

6.4　装配整体式剪力墙结构不同预制方案与预制率的关系

实例1：

预制方案（1）　　　　　　　　　　表6-2

方案	装配式建造方式	预制率（%）
方案1	叠合板、空调板、楼梯	12.72
方案2	外墙板（带保温）、内墙板	42.25
方案3	外墙板（带保温）、内墙板、叠合板、空调板、楼梯	52.44

注：装配整体式剪力墙结构一般预制率可达到70%，部分区域的预制率可达到80%。

6.5　不同预制构件对增量成本的影响

不同部位的装配整体式剪力墙构件，成本增加的差异较大，某些部位采用装配式可以不增加成本，某些部位采用装配式后成本增加幅度很大。根据济南市装配整体式混凝土结构建筑工程定额研究成果（表6-3），对某装配整体式剪力墙项目进行重新核算，可以得出预制外墙较现浇方式每建筑平米增加69元，预制内墙增加104元，楼梯增加17元，楼板减低13元。

预制构件定额价格　　　　　　　　　　表6-3

构件类型	预制率贡献	生产价格（元/m³）	运输价格（元/m³）	安装价格（元/m³）	其他费用（元/m³）	合计（元/m³）
外墙	20%～25%	2423	211	229	602	3465
内墙（承重）	10%～20%	2119	211	269	551	3450
楼板	10%～15%	1583	192	63	380	2218
阳台	3%～5%	1730	211	204	435	2580
楼梯		1763	211	231	446	2651
空调板		1685	192	186	419	2480

注：其他费用包括现场施工部位的企业管理费、规费、税金、利润等。

6.6　降低装配整体式结构工程造价的对策

（1）大面积推广装配整体式结构，大投入需要大产量才能分摊投资成本。

（2）提高建筑的预制率，发挥装配整体式的优势，高预制率可以提高生产效率，降低施工机具的摊销成本，提升整体效率。

（3）在项目设计深化阶段，合理拆解构件，尽量提高构件的重复率、优化预制构件的尺寸、使被拆分的预制构件符合模式协调原则，从而降低生产难度，减少模具种类，提高周转次数，减少返工浪费。

（4）确保现场堆置顺序应与施工吊装顺序相符，构件堆放位置还需保证处于对应的塔吊工作范围内，减少场内短驳费用，提高构件的吊装效率。

（5）预制构件与现浇连接部位的详细构造应合理设计，降低生产及施工难度。

（6）合理安排吊装顺序，工期增加会造成重型吊装设备闲置浪费而增加成本。

（7）提高PC构件的制作精细度，使安装简便，也可减少后期装饰修补的费用。

（8）尽可能选择在工厂一体化完成外墙保温装饰、门窗等，节约工期及外脚手架费用。

（9）尽量采用水平的预制构件如预制楼板、预制楼梯等，可节省内墙脚手架。

（10）确保吊装时各机械都在合理的工作范围内，根据塔吊的参数性能、位置、堆场位置、预制构件的质量等分析，尽可能选择低费用吊装机械，降低安装成本。

6.7 预制装配式对施工成本影响的量化分析实例

长沙市某新建小区 12 号楼为装配整体式剪力墙结构体系商品住宅楼，地上 33 层，地下 1 层，1～5 层为现浇混凝土施工，6～33 层采用装配整体式建造，建筑面积 14016.24m²，装配率高达 80％以上。

按照施工成本的构成，整理并核算 12 号楼实际装配式施工成本数据，根据图纸并参考企业历史成本数据，对其现浇设计下的施工成本进行计算，对比差异项并分析原因。为保证对比有效性，取 12 号楼 6～33 层作为计算依据，建筑面积按 11892m² 计。

1. 预制装配式施工成本增加项分析

（1）预制构件费（占主体部分材料费的 88.90％）的增加使得装配式施工材料费高于现浇方式材料费。

根据上游预制构件厂的数据资料，预制构件材料费中除了钢筋、混凝土等原材料费以及工人工资，还增加了工厂厂房、设备摊销费，模板，构件运输，一次性摊销材料、燃料动力及财务费用，土地费用，专利费用、税金等费用，合计 755 元/m²，加之现阶段住宅产业化未形成规模效应，因此构件成本居高不下。

12 号楼项目所采用的预制构件材料费合计 9914166.75/13126＝755.25 元/m²，吊装费 143008/1311＝109 元/m²，仅预制构件及安装费用合计达 755.25＋109＝812.05 元/m²，已接近现浇式施工成本。因此，预制构件及安装费用较高（尤其是预制构件材料费），是装配式施工成本偏高的主导原因。

（2）装配式施工机械使用费较传统现浇方式机械费增加 50.06％，差异主要体现在塔吊部分。

为满足预制构件的吊装，12 号楼项目装配式施工塔吊大于传统建筑所选用的 TC5610 塔吊；虽然工期缩短，塔吊台班有所节约，但由于其租金及进出场费都高于传统模式的机械设备，故总机械费略高。

2. 预制装配式施工成本减少项分析

（1）人工费

装配式施工节约主体部分人工费 8.10％，节约装饰部分人工费 86.45％，原因如下：

① 装配式施工将现场大量湿作业由机械化装配替代，施工机械台班的消耗量增加，从而减少相应劳务人员的用量，同时改善工人工作环境、提高效率；

② 预制构件在工厂内模数化、集约式生产制作，尺寸更标准、表面更平整，吊装就位后墙面基本不需要抹灰，大幅减少了内、外墙粉刷的工程量，装饰部分人工费节约显著。

（2）装饰部分材料费

装配式施工节约装饰部分材料费 76.05％，原因如下：

① 预制构件以成品状态运至施工现场，大量减少了砌体砌筑、内外墙粉刷等工程量，可节约大量装饰材料，与传统施工方法相比排污量也明显减少；

② 12 号楼项目装配式施工采用"三明治外墙"技术，预制外墙构件中已包含保温材

料费用，故现场施工过程不再考虑外墙保温工程。

（3）施工措施费

装配式施工节约措施费 50.25%，原因如下：

① 装配式施工所用周转材回收率高，大幅降低摊销成本。

传统现浇施工中的钢管、扣件基本采取租赁包干模式，施工完毕后无任何周转材残值；装配式施工虽然在周转材采购时需投入费用，但施工周期相对节约，周转材能回收到后续工地继续使用，故按采购量的 78% 考虑周转材残值。

此外，传统现浇施工完毕后木模板基本无残值，木方按 65% 残值计入成本（$185 \times 1750 \times (1-65\%)=113312.5$ 元）。而 12 号楼项目装配式施工选用铝模板替代木模板。铝模板作为新一代建筑模板，具有拆装灵活、刚度高、使用寿命长、浇筑面平整光洁、施工对机械依赖程度低等优势，节约大量木材，更符合装配式建筑绿色环保的宗旨。据统计，整体式铝合金模板最多可重复使用 300 次，残值铝材＋钢材＝380 元/m^2（铝模板费用＝$363 \times (1080-380)=254100$ 元），使用次数越多，造价越低，在超高层建筑施工中优势显著。

② 装配式施工以机械大幅代替人工作业，减少现场施工人员数量，从而减少临建费。

③ 构件在工厂进行蒸汽养护，构件吊装替代大量现场湿作业，从而减少现场用水。

④ 预制构件的采用减少了混凝土泵送机械台班，同时工业化建造方式缩短工期，使得用电量较传统施工大幅减少。

（4）施工间接费

由于工期缩短，装配式施工可节约管理人员费用。

参 考 文 献

［1］ 装配式混凝土结构技术规程 JGJ 1—2014. 北京：中国建筑工业出版社，2014.

［2］ 预应力混凝土叠合板——50mm、60mm 06SG439-1. 北京：中国计划出版社，2006.

［3］ 高层建筑混凝土结构技术规程 JGJ 3—2010. 北京：中国建筑工业出版社，2010.

［4］ 孙强. 装配整体式剪力墙结构设计方法初探［J］. 科技与企业，2013，07：235～236.

［5］ 建筑抗震设计规范 GB 50011—2010. 北京：中国建筑工业出版社，2010.

［6］ 混凝土结构设计规范 GB 50010—2010. 北京：中国建筑工业出版社，2010.

［7］ 建筑结构荷载规范 GB 50009—2012. 北京：中国建筑工业出版社，2012.

［8］ 建筑桩基技术规范 JGJ 94—2008. 北京：中国建筑工业出版社，2008.

［9］ 建筑地基基础设计规范 GB 50007—2011. 北京：中国建筑工业出版社，2012.

［10］ 上海轨道工程股份有限公司. 装配式混凝土结构施工. 北京：中国建筑工业出版社，2016.

［11］ 济南市城乡建设委员会. 装配整体式混凝土结构施工. 北京：中国建筑工业出版社，2015.

［12］ 住房和城市建设部住宅. 大力推广装配式建筑必读-技术. 标准. 成本与效益. 北京：中国建筑工业出版社，2016.